맨발로 뛰는 뇌

맨발로 뛰는 뇌

존 레이티·리처드 매닝 지음 | 이민아 옮김

1판 1쇄 펴낸날 2016년 3월 10일 | 1판 3쇄 펴낸날 2023년 10월 1일
펴낸곳 녹색지팡이&프레스(주) | 펴낸이 강경태 | 등록번호 제16-3459호
주소 서울시 강남구 테헤란로84길 12 마루 빌딩 4층 (우)06178 | 전화 02) 2192-2200

ISBN 979-11-86552-52-0 03400

잘못된 책은 구입하신 서점에서 바꾸어 드립니다. 책값은 뒤표지에 있습니다.

인류 문명의 발달로 고통받는
몸과 마음, 그리고 뇌를 구하라!

맨발로
뛰는 뇌

존 레이티 · 리처드 매닝 지음
이민아 옮김

녹색지팡이

'야생으로 돌아가라!'

얼핏 들으면 삶에 지친 현대인들이 현실에서 일탈하는 장면이 떠오를지도 모르겠다. 야생으로 돌아가라니, 극한의 오지에서 살아남으라는 소리인가? 영양을 향해 창을 던지고 사자를 보면 줄행랑치는 아랫도리만 가린 수렵 부족인이 되라는 것인가? 아님 지구 온난화 체험 프로그램에서 나올 법한 야외 활동을 하라는 이야기인가?

우리가 말하는 야생의 의미는 결코 어려운 것이 아니다. 야생 동물과 가축, 들판의 늑대와 집에서 키우는 개, 야생의 들소와 농가의 젖소를 떠올려 보자. 그리고 범위를 넓혀 사람에게도 적용해 보자. '야생의 사람'. 어쩐지 어색하지만 실은 그렇지 않다. 아득한 역사 속에서 인간은 수십만 년 동안 야생의 사람으로 살았으나 야생의 동물과 어울려 살기를 거부하고 늑대를 길들여 가축으로 만들었다. 도구를 사용하고 뇌를 활성화하여 문명을 이룩했다. 야생을 잃고 문명을 얻는 인간은 풍족한 물질적 혜택을 누려 왔다. 그러나 우리는 문명의 영광을 논하기 위해 이 책을 쓴 것이 아니다. 유전자와 진화, 그리고 시간의 문제를 생각해 보고자 한다.

앞서 말한 바와 같이 인간은 야생의 자연환경 속에서 진화해 왔다. 오늘날의 인간도 머나먼 야생의 조상들이 갖고 태어난 유전자에서 크게 달라진 게 없다. 다만 인간의 선형적 진화는 야생에서 살도록 설계된 인간을 스스로 병들게 하고 삶의 불행을 자초했다.

인간은 두 발로 서서 우아하게 움직이도록 창조되었다. 새로운 것과 다양성을 포용하고 툭 트인 공간을 갈망하는 뇌와 서로 사랑하는 관계를 만드는 감정이 있다. 하지만 그보다 심오한 것은 인간이 스스로를 치유하도록 설계됐다는 것이다. 우리 몸은 스스로 알아서 고장 난 곳을 고칠 수 있다. 지치고 아프고 스트레스 받은 생명체를 회복시키는 복잡하고 경이로운 능력인 '항상성'을 갖고 있기 때문이다. 그리고 이것이 '야생으로 돌아가자'는 우리의 핵심이다.

문명이 우리 삶에 불러온 재앙에는 어떤 것들이 있을까? 전 세계 인구가 겪는 고통과 사망의 주요 원인인 심장병과 비만, 우울증과 암 등은 인간의 유전자 변이 등을 들 수 있다. 우리는 진화의 설계가 남긴 이 무시무시한 대가를 통찰하고 이를 바로잡을 것이다. 특히 개개인이 자신의 삶에서 이를 스스로 치유하는 것이 어렵지 않다는 것을 밝혀낼 것이다. 우리 몸이 진화를 통해 획득한 경이로운 자가 치유 능력을 발휘할 수 있도록 물러서 있는 것, 이를 위해 거칠 단계는 의외로 단순하다. 섭생과 운동, 수면, 의식 상태, 생활습관에 연계하면 해결 방안을 쉽게 찾을 수 있다. 물론 이러한 방안들은 문제가 있으면 기본 단위까지 낱낱이 분해하여 고장 난 부분을 고치면 된다는 식의 현대 서양 의학을 정면으로 반박하는 것이다. 그러나 인간은 기계가 아니라 야생의 동물이다. 이런 인간을 치유함에 있어 그 복잡함을 모두 다 받아들이자는 야생적 사고는 당연한 이치 아닐까?

쉽게 예를 들어 생각해 보자. 우울증은 정신만의 문제가 아니다. 뇌의 어느 한 부위에 국한시켜 바라볼 문제도 아니다. 우울증은 잘못된 신체 활동, 잘못된 채소 및 단백질 선택과 직결된 문제일 수 있다. 비만도 마찬가지다. 식습관이 원인일 수 있지만 면역 체계 이상이나 수면 부족과 직결된 문제일 수 있다.

우리는 식단과 운동을 통해 얻은 깨달음을 빌려 현대인의 의식 상태와 인간 본성과 삶을 바라보는 방법에 대해서도 이야기할 것이다. 그러기 위해서 더 넓은 행동 범주인 수면, 마음 챙김, 공동체, 관계, 자연 접촉에 관해 다룰 텐데, 그 전에 독자들에게 양해를 구해야 할 게 있다. 우리가 제시하는 범주들이 서로 밀접하게 얽혀 있다 보니 이야기가 식단 문제에서 갑자기 신경 경로 추적으로 이어지는가 하면 뇌 기능이나 면역 체계로 넘어가는 등 중구난방으로 떠들어 댈 수 있다. 이 과정에서 상호 모순적인 가설들이 튀어나오기도 한다. 하지만 이 가설들은 그 나름으로 유효하여 우리에게 많은 것을 가르쳐 줄 것이다. 인간의 세계가 불명확한 체계로 되어 있으니 어쩌면 그것은 자연스럽고 마땅한 일이다.

현대인들 모두가 자신의 안녕과 건강을 지키기 위한 노력을 멈추지 않는다. 서가에 한가득 꽂혀 있는 자기계발서와 각종 헬스클럽 회원증, 건강기구와 각종 검진 기록들, 날마다 들여다보는 건강 관련 기사들, 각종 자조 모임과 강박적인 칼로리 체크 등이 그 노력의 증거가 아니던가. 하지만 세렝게티를 누비는 마사이족 사람들을 생각해 보자. 나긋나긋하고 날랜 구보驅步, 완벽한 컨디션의 틀 잡힌 체형, 우아하고 효율적인 움직임. 마사이족 사람들이 칼로리를 계산한다든가 사용설명서를 읽든가? 혹은 그들에게 개인 트레이너가 있다는 소리를 들어본 적이 있는가?

현존하는 수렵 부족인들의 완벽한 건강 상태와 행복한 마음은 몇 세기에 걸쳐 연구되었는데, 답은 의외로 간단하게 나왔다. 그들은 먹고 살기 위한 수렵 채집을 하며 야생의 삶을 고수하는 '야생인'이란 것이다. 야생 동물들이 그렇듯 그들은 자신의 몸을 잘 알고 스스로 대처한다.

'야생'

이것은 현대를 사는 우리에게 꼭 필요한 말이다. 문명 이전에는 우리 인간을 포함한 만물이 야생이었다. 인류학에서는 '수렵 채집인'이라는 정중한 용어를 쓰지만 '야생인'이라는 이름에 훨씬 더 많은 의미가 담겨 있다. 농경의 발달로 도시가 발달하기 전만 해도 우리는 야생인이었다. 그 뒤로 문명이 줄곧 우리를 길들여 왔고 우리를 아프게 하고 있다. 앞으로 이어지는 본론에서는 진화의 설계가 우리 몸에 준 것을 기리는 내용이 나올 텐데, 간단히 말하면 야생을 회복하자는 것이다.

생태계 복원을 통해 자연을 복구하자는 운동이 전 세계적으로 확산되고 있다. 유럽에서는 이 과정을 '야생 복원re-wilding'이라고 부른다. 우리는 인체야말로 야생의 생태계 못지않은 생물 다양성이 존재하는 복잡한 세계이며, 야생의 조건을 회복할 때 삶이 가장 잘 돌아간다고 믿는다. 그런 의미에서 이 책은 우리 삶에서 야생을 복원해 내기 위한 지침서이자 세계를 새로운 눈으로 바라보게 될 개념과 관점을 제시하는 입문서가 될 수도 있겠다.

본격적인 이야기에 들어가기 앞서 앞으로 설명할 세 가지 이미지를 머

릿속에 그려 보기를 바란다. 그 세 가지 이미지는 우리의 이야기가 펼쳐
지는 각각의 과정에서 매번 새로운 모습으로 등장하게 될 것이다.

첫 번째 이미지다. 이것은 1947년에 아프리카 칼라하리 사막의 수렵
채집 부족 !쿵족의 모습을 담은 것으로, 그들의 삶의 방식이 문명 세계에
의해 위태로워지기 이전에 기록되었다. 이 부족 사람들은 문명을 접하고
난 뒤 얼마 되지 않아 외부 세계 사람들처럼 병이 들고 말았다.

부족 한 무리가 모여 앉아 담소를 나누고 있다. 이야기를 나누는 시간

은 아주 오래전부터 사람들을 하나로 묶어 주었던, 인간을 인간답게 만들어 주는 활동이다. 그들의 발가벗은 모습에 놀라는 사람들도 있겠지만 우리는 인류 역사에서 대부분의 시간을 저런 상태로 지내 왔다. 하지만 이들의 나체에서는 유연함과 활기, 곧고 바른 자세가 엿보인다. 몸이 얼마나 곧고 바른지 갈비뼈를 일일이 다 셀 수 있을 정도다.

이번에는 이야기하는 남자에 주목해 보자. 생동감, 감정과 몰입, 듣는 이들과의 교감이 느껴진다. 이야기꾼은 진심을 담은 이야기로 모여 앉은 사람들을 자석처럼 빨아들이며 감정을 나누고 있다. 현대 사회에 이렇게 뛰어난 소통 능력을 보여 주는 사람이 있던가? 함께 모인 이 사람들은 또 어떤가? 청중의 대부분이 어린아이라는 사실, 그리고 모두가 하나가 됐다는 사실이 생생하게 느껴진다. 이들 사이에는 그 누구도 부인할 수 없는 결속력과 신뢰가 존재한다.

다음으로 아기를 키우는 집에서 흔히 볼 수 있는 장면을 상상해 보라. 이 장면은 머릿속에서 쉽게 그려 볼 수 있다. 엄마와 걸음마 배우는 아기 단 둘이 장난감이 가득한 방에 있다. 환한 빛깔의 놀잇감과 흥미로운 물건 들이 가득 차 있는 이 방에는 처음 와 보는 것이다. 아기는 엄마에게 매달려 있지만 신기한 물건들에 흘깃흘깃 눈이 간다. 그러다가 엄마를 놓고 마음에 드는 물건을 가지고 논다. 큼직한 블록이 무너져 시끄러운 소리가 나면 아기는 곧장 엄마 품으로 달려들어 잠시 안전한 시간을 갖는다. 그러고는 용기를 내어 다시 탐험에 나선다.

이렇게 안전 기지와 미지의 세계를 오가는 행위야말로 우리의 뇌를 발달시키는 과정이며, 이는 엄마의 사랑과 보살핌이 있을 때에야 비로소 일어날 수 있는 현상이다. 이것은 자연스러운 과정이며, 걸음마 배우는 아기들만의 이야기가 아니라 우리 모두의 이야기다.

　마지막으로 얼핏 보면 극소수만이 경험하는 특수한 상황으로 느껴질 수 있는 무기력한 자폐증 환자의 모습이다. 자칫 자폐증은 불운한 소수만이 겪는 일이거나 유전적인 문제라고 여겨 남의 일 보듯 할 수도 있다. 하지만 우리는 이 문제를 신경 경로의 문제로 접근할 것이다. 자폐증도 일종의 문명병이며, 그런 의미에서 우리가 이 책에서 다루는 문제들과 어깨를 나란히 해도 좋을 것이다. 실제로 우리는 이 논지에 대한 해답을 얻기 위해 센터 포 디스커버리Center for Discovery에 수차례 방문, 우리만의 치료법을 시도했다.

　자폐증 환자 360명이 생활하고 있는 센터 포 디스커버리를 처음 방문한 우리는 무척이나 놀랐다. 그곳에 거주하는 사람들 대다수는 지나치게 폭력적이거나 파괴적이어서 일반 가정에서 지내기 어려운 사람들이었다. 우리는 직원들의 안내를 받으며 여러 교실을 참관하다가 일부 수업에서는 학생들의 활동에 동참하기도 했다. 직원들은 한 달 전만 해도 참관 수업 따위 불가능했다고, 이중 몇 명은 발작을 일으켰을 거라면서 이 놀라운 변화는 우리가 제안한 운동 프로그램 덕분이라고 고마워했다.

　우리는 학생들이 팔짝팔짝 뛰고 달리고 춤추는 모습을 지켜봤다.(팔짝팔짝 뛰고 달리고 함께 춤추는 것이 우리의 치료법이었다.) 하지만 이 운동 프로그램이 효과를 발휘할 수 있었던 것은 센터 포 디스커버리에서 장기간 신경 써 온 영양 균형과 자연과의 접촉이 큰 몫을 했기 때문이다.

　무엇보다 잊히지 않는 장면은 작은 교실에서 한 줄로 나란히 앉은 십 대 소년 넷이 돌아가면서 나무토막에 매달린 종을 치는 모습이었다. 가무잡잡하고 통통한 얼굴에 단발머리를 한 꼬마 여자아이가 작은 전자피

아노로 단순한 가락을 반복해서 연주하고 있었다. 소년들은 이 곡에 맞추어 한 명씩 나와 종을 치거나 나무토막을 때리고 제자리로 돌아갔다. 이런 움직임은 계속 반복됐고, '종 쳐라, 종 쳐라, 종 쳐라, 종 쳐라.' 하는 가사도 계속됐다. 리듬과 음악, 가락과 박자, 정확한 시간. 이것이 바로 사람들과의 관계를 피해 어딘가로 숨어든 뇌의 리듬, 자폐증의 특성이다.

이윽고 피아노 연주자가 눈에 들어왔다. 여자아이는 반복되는 이 가락을 매일같이 몇 시간씩 연주해 왔을 것이다. 그런데 연주를 들어 보니 그건 그냥 기계적인 반복이 아니었다. 자기 안의 무언가를 연주 마디마디에 쏟아부으며 살짝살짝 장식음을 넣거나 즉흥 반주를 덧붙였고, 무엇보다 혼을 담아 노래하고 있었다. 음 하나도 건성으로 부르지 않는 프로 가수처럼 그녀가 불어넣는 한 줄기 희망이 음악을 창조해 내고 있었다. 그러저러한 멜로디와 리듬이 아닌 진짜 음악을 말이다. 그녀는 !쿵족의 이야기꾼 못지않게 진심으로 악기를 연주하며 무리와 교감하고 있었다. 이것이 우리 모두에게 필요한 진심이 아니고 무엇이겠는가. 그녀는 이 순간과 온전히 하나가 되어 있었다.

이 책의 각 장에서는 지금까지 밝혀진 인류 진화 과정의 초기 설정값을 제시하고 그 세부사항들을 요약하여 설명한다. 인간의 조건과 본성이 무엇인지를 다루고 초기 설정값(진화 과정)을 위반함으로써 우리 스스로를 아프게 만든 '문명병'에 대해 알아본다. 한 세기 이상 지속되어 온 문명법의 현주소와 현대인을 괴롭히는 질환 대부분이 이 문명병에 속하는 것도 밝힐 것이다. 이어서 일상에서 이뤄지는 활동인 식습관과 운동, 수면, 부족 생활, 자연과의 접촉, 관계, 마음 챙김을 살펴볼 것이다.

우리는 책을 쓰는 과정이 우리 자신의 인생을 180도로 바꾸지 못한다면 책으로 남길 이유가 없다고 입버릇처럼 이야기했다. 그리고 우리는 우리 자신뿐만 아니라 이 책을 읽는 독자 여러분의 인생에도 변화가 일기를 감히 바라본다. 참고로 우리 두 사람에게 어떤 변화가 일어났는지에 대해서 살짝 귀띔을 하자면, 리처드 매닝은 20킬로그램이 빠졌고 울트라마라톤을 완주할 수 있는 달리기꾼이 됐다. 존 레이티 역시 체중이 줄었고 식생활도 완전히 바뀌었다. 하지만 진정한 변화는 사고의 지평이 넓어진 것이다. 존 레이티는 이미 운동과 뇌에 관한 저술가로 유명하지만, 센터 포 디스커버리에서 겪은 놀라운 사건을 통해 수면, 음식, 자연, 마음 챙김 같은 문제에도 관심을 갖게 됐다. 그러나 더 중요한 것은 이 모든 것이 따로따로가 아니라 서로 하나로 연결되어 건강과 행복을 만들어 낸다는 깨달음이었다.

존 레이티
리처드 매닝

인간의 뇌는 진화가 이뤄낸 최고의 성취인가 아닌가를 둘러싸고 끊임없는 논쟁이 벌어진다. 인간에게만 주어진 유례없는 능력 가운데 하나가 바로 다른 사람들과 관계를 맺는 능력이다. 우리는 이 주장을 뒷받침해 주는 하나의 모형을 제시할 것이다. 다른 사람들과 관계 맺는 능력을 지원하고 기록하는 신경 회로망이다. 이 신경 회로망 전체가 밝아질 때, 우리의 기분도 좋아진다.

chapter 1

인간은
끊임없이
진화한다

인간은 진화적으로 건강하면 행복감을 느끼도록 설계되어 있다. 야생의 관점에서 본다면 인간은 생각보다 쉽게 행복해질 수 있다. 자신이 행복한지 아닌지 남에게 물을 필요가 없다. 그건 우리의 뇌가 할 일이니까.

뇌가 이 일을 제대로 해내지 못한다면 어떻게 될지 생각해 보자. 우리의 피드백 회로가 오작동해서 춥고 배고프고 지쳐 있는데 뇌는 잘 지내고 있으니 괜찮다고 말한다면 어떻게 되겠는가? 그런 피드백 시스템을 지닌 동물의 생존 확률은 얼마나 될까? 또 이러한 시스템이 장착된 유전자를 물려받는다면 어떻게 될까? 누가 봐도 괜찮지 않은데 잘하고 있다고, 괜찮다고 말하는 왜곡된 시스템. 바로 마약 중독자를 지배하는 악성 시스템이다.

인간의 행복은 생물학적 행복에 크게 좌우된다는 것과 행복의 조건은 진화를 통해서 결정되어 왔다는 사실을 기억해야 한다. 말하건대 인간이 행복하려면 진화의 조건에 귀를 기울여야 한다. 그러나 현대사회를 살아가는 인간은 진화의 조건에 전혀 신경을 쓰지 않는다. 분명 인간의 진화에 잘못 알려진 게 적잖이 있지만 오늘날 인간의 삶의 방식은 행복의 원칙을 거스르는 것으로 채워져 있다. 이것이 바로 우리가 병드는 이유다.

진화

인간의 진화라고 하면 다들 최초의 유인원에서 혈거인을 거쳐 지금의 우리까지 서서히 변화되어 온 모습을 담은 4컷 만화를 떠올릴 것이다. 이 만화에는 인간이 진화를 통해 점차 개선되고 변화됨으로써 우리가 유인원 조상에서 지금의 인류로 딱 떨어지게 발전해 온 것이라는 생각, 그 변화는 진보이며 현재 진행형이라는 생각이 담겨 있다. 하지만 이것은 억측에 불과하다.

다윈 시대 이래로 진화론자들 간에 논쟁이 끊이질 않고 있다. 다윈은 진화가 세대 간 차이를 알아차리기 어려울 정도로 대단히 점진적인 변화 과정이라고 주장했다. 한편 그와 반대편에 선 소수파들은 진화가 갑작스럽게 일어나는 급진적 변화라는 입장을 취해 왔는데, 진화 생물학자인 스티븐 제이 굴드의 '단속평형설'이 바로 그것이다. 우리가 인간이라고 부르는 무리, 즉 '호모사피엔스'는 약 오만 년 전 아프리카에서 하나의 완전체로 출현했고, 그 뒤로는 크게 변한 것이 없다는 것이 중론이다. 이것이 '버전 1.0의 사람최초의 사람'이며 그 이후로 의미 있는 업그레이드는 진행되지 않았다는 것이다.

"오만여 년, 인간은 생물학적 변화를 전혀 겪지 않았다. 우리의 문화와 문명 모두 호모사피엔스와 동일한 신체, 동일한 뇌로 일군 것이다."

그러나 굴드의 중론에는 진화 과정에서의 또 다른 오류가 깔려 있다. 진화가 고리들의 연속으로 이뤄지며 그중에 빠진 고리가 있다는 생각이다. 알고 보면 인간의 조상들은 하나의 계보로 깔끔하게 연결되지 않거니와 미소한 차이가 하나둘 쌓이면서 지금의 인간과 비슷한 단계로 진보한 게 아니었다. 쉽게 말해 인간의 계보는 하나의 커다란 줄기를 중심으로 밑에서 위로 갈수록 점점 뾰족해지는 원뿔 구조가 아니다. 인간의 계보는 나무보다는 원줄기와 곁가지의 구분이 분명하지 않게 밑동에서 가지를 치고, 또 많은 가지의 끝이 끊어 있는 관목에 더 가깝다. 이 점을 가장 극명하게 보여 주는 사례가 네안데르탈인으로 유럽과 아시아, 북아프리카의 화석 기록을 통해 오래전에 그 존재가 증명된 바 있다.*

네안데르탈인은 주먹으로 땅을 짚고 걷는 무리를 일컫는다. 우리는 투박하고 무지막지한 사람을 놀리고 싶을 때 '진화가 되다 만' 사람이라는 의미로 네안데르탈인이라고 부르는데, 이 말의 전제는 뻔하다. 네안데르탈인이 진화의 정점으로 가는 과정 중의 한 단계라고 생각한 것이다. 물론 진화의 정점에는 지금의 인간이 있고 말이다. 그러나 인간의 진화는 일직선으로 전개되지 않았다. 그보다는 적응력

네안데르탈인 해골
(뉴욕 자연사 박물관, AMNH)

---

*인류가 오스트랄로피테쿠스에서 네안데르탈인에서 호모사피엔스로 점진적으로 진화했다면 두 종이 동일한 시대를 살았던 흔적이 있어야 하는데, 화석 기록으로 호모사피엔스가 출현하면서 네안데르탈인의 흔적이 사라졌음을 보여 준다.

강한 무리, 뇌가 큰 무리, 직립한 무리, 연장 쓰는 무리, 수렵 무리, 집단을 이뤄 사는 무리 등 여러 종이 적재적소에서 수백만 년에 걸쳐 존재하면서 진화한 것이다. 따라서 이 놀림은 진화의 기본을 오해한 대표적인 사례라 할 수 있다. 현생 인류인 호모사피엔스가 등장한 것은 불과 오만 년 전 무렵이다. 고인류가 진화해 왔던 기간의 90퍼센트가 지나 버린 시점에 호모사피엔스 종이 느닷없이 치고 나온 것이다. 완벽하게 생존력을 갖추었던 고인류 종이 오만 년 전쯤에 전부 멸종해 버리고 호모Homo: 사람 가운데 호모사피엔스만이 유일하게 살아남았다. 무수한 생물종의 진화사 속에서 우리 종이 거의 유일하게 이런 일을 해낸 것이다.

그런데 종의 감소와 더불어 호모사피엔스 종의 유전적 다양성이 감소했다는 사실은 상당히 흥미롭다. 호모사피엔스만이 아니라 인간 과에 속하는 모든 종들의 계보를 추적하다 보면 유전적 다양성의 일부가 아프리카에서 발견되는데 아프리카를 벗어나면 인간의 유전적 다양성을 찾아보기 어렵다. 여기에는 그럴 만한 이유가 있다. 종의 분화와 다양성을 증가시키는 것은 개체군의 분리다. 다시 말해 해수면 상승으로 섬이 만들어지거나 빙하로 인해 서식지가 분리되는 등의 자연 현상으로 일부 집단이 고립될 때, 유전적 다양성이 생기는 것이다. 최소 오만 년 동안 모든 인구 집단이 여행과 무역망, 이주를 통해서 서로 접촉하고 연결되어 살아온 결과, 유전적으로 균일한 하나의 종이 된다. 따라서 우리가 이렇게 오랜 기간 하나로 연결되어 살았다는 것은 새로운 종으로 진화해야 할 압박도 없었다는 의미다.

그럼에도 유전적 변이는 있었으며 혁신도 있었다. 인구 집단 간에 존재하는 이러한 차이는 대부분 유전자와는 상관없는 좀 더 근원적인 이유에서 발생했다. 상대적으로 최근에 이뤄졌던 하얀 피부와 금발 실험을 살펴보자. 인류는 거의 대부분의 기간 동안 검은 피부로 살아왔다. 하얀 피부는 고작 이만 년 전쯤에 유럽에서 시작된 것으로 햇빛이 부족한 기후에 적응하기 위한 변이였다. 인간의 전체 유전자 구성 가운데 이렇게 작고 하찮은 변화가 인간의 전체 유전자 중 얼마만큼의 비중을 차지할까? 또 유전자 염기 서열에서 읽히지도 않을 만큼의 미세한 변이 하나가 최근 인류 역사에 얼마나 큰 영향을 미친 걸까?

최근에 이뤄졌던 또 다른 실험을 예로 들어 보자. 유당 내성이나 아프리카 열대 지방에서 겸상적 혈구 빈혈 유전자를 가진 사람에게만 나타나는 말라리아 저항성 같은 유전 변이가 있다. 이 결과만 두고 보면 우리 종이 진화하고 있는 것은 맞지만, 지난 오만 년 동안에 일어난 변화는 중대하다고 평가하기 어려운 수준이었다. 유전적 기질만 보자면 인간은 최초의 호모사피엔스보다 더 커지거나 빨라지지 않았고 영리해지지도 않았다. 현생 인류와 흡사한 여러 직립 유인원을 어떻게든 능가하고 살아남아 이 지구상의 모든 영토를 완전 정복하는, 그 어떤 종도 이룩해 본적 없는 위업을 달성한 호모사피엔스와 뼛속까지 똑같은 종이다.

분명한 것은 오만 년 전에 지구 역사상 유례 없는 사건, 즉 인간이라는 생명체가 난데없이 튀어나왔다는 사실이다. 이 돌출의 동력이 된 진화 과정의 변화는 인간의 가장 중요한 강점이며, 우리가 이 책을 통해서 말하고자 하는 특성들이다.

달리기 vs 걷기

유타 대학의 생물학 교수인 데이브 캐리어의 연구실 책상 밑에는 너덜

너덜해진 러닝화 한 켤레가 놓여 있다. 그의 러닝화는 험준한 산을 달리는 미니멀리스트 달리기(원시 부족의 달리기를 모방하여 맨발에 근접한 경험을 추구하는 달리기) 동호회 회원들이 선호하는 브랜드다. 산악 달리기를 하지만 내세울 수준은 못 된다고 자신을 소개한 캐리어 교수는 대평원에서 무기 없이 달리기만으로 영양을 잡겠다고 도전했다가 실패한 학계의 괴짜다. 이후 아프리카 부시족에게 맹훈련을 받은 뒤에야 자신의 목표를 달성했는데, 자신이 성공할 수 있었던 것은 '뜀뛰기 실력이 아닌 공감 능력'이라는 명언을 남기기도 했다.

캐리어 교수와 함께 달리기를 연구한 유타 대학의 브램블과 하버드 대학의 리버만은 과학 잡지 《네이처》를 통해 인간이 달리기보다는 걷기에 적합하게 설계됐다는 가설에 맞서 그와 관련된 기존의 모든 논지들을 분석했다. 모든 유인원은 달리기를 할 수 있지만 인간만큼 빠르고 오래 달리지는 못하며 동작 면에서도 인간이 훨씬 우아하다. 인간은 오랫동안 빠르게 달릴 수 있으며 우리의 신체 구조와 골격이 이것을 증명해 준다. 브램블과 리버만의 논문에는 인체의 골격이 걷기보다는 달리기에 최적화됐음을 보여 주는 26가지 특성을 상세하게 제시한다. 그 가운데 다리와 발의 특징을 들어 보자. 달리려면 활처럼 휘는 탄력 있는 발바닥과 가늘고 긴 아킬레스건과 쭉 뻗은 다리가 반드시 필요하다. 인간에게 있는 이 조건이 유인원에는 없다. 또 달리기는 걷기와 달리 엉덩이를 축으로 상체를 하체와 반대 방향으로 돌리는 역방향 회전 능력이 필요하다. 달리기는 걷기보다 상체의 힘이 훨씬 더 많이 들어가는데, 인간에게는 모든 특성이 커다란 몸을 빠르게 이동할 수 있도록 최적화되어 있다.

반면 유인원은 위에서 인간의 특성으로 열거한 그 어떤 것도 가지고 있지 않다. 인간은 달리기에 적응하기 위해 진화 과정에서 친족 아닌 종들의 오래된 특성 일부를 재활용했는데, 이 모든 것이 약 이백만 년 전 우리의 조상인 호미니드속의 출현과 더불어 갑자기 일어났다. 이는 우리가 달리기에 잘 적응했을 뿐만 아니라 달리기가 우리를 지금의 모습으로 만들었음을 의미한다.

캐리어 교수는 '장시간 사냥설'이란 연구 가설을 내놓으며 인간이 다른 유인원들로부터 갑작스럽게 떨어져 나왔다는 사실을 입증했다. 오래전부터 인간의 중요한 식량 공급원이었던 동물들의 달리기 속도는 엄청나게 빨랐다. 하지만 그들(보통은 사슴이나 영양처럼 발굽이 있는 유제류 동물)은 순간 속도가 빠를 뿐 지구력이 떨어지는 단거리 주자들이었다. 캐리어 교수는 달리기가 진화의 중대한 분기점이 됐다면 인간은 달리기 기술을 필시 식량을 얻는 데 사용했을 거라고 추측했다. 사냥감이 줄기차게 달리다가 지쳐 쓰러지면 가까이 접근해 잽싸게 낚아채는 것이다.

캐리어 교수는 자신의 가설을 입증하기 위해 영양이 주로 서식하는 대평원을 찾아갔다. 그는 무리 가운데 한 마리를 고립시켜 멀리까지 쫓아가는 데까지는 성공했지만 지쳐 보였던 녀석이 다시 무리 속으로 달아나는 바람에 번번이 힘이 넘치는 새로운 녀석을 상대해야 했다. 그러다가 우연히 남아프리카에 이와 비슷한 사냥 풍습을 지켜온 부족(코이산)이 있다는 소식을 접하고는 남아프리카로 날아갔다. 그들의 비법은 다름 아닌 오래 달리기를 활용하는 사냥법이었다. 캐리어 교수는 부족 안에서 사냥감의 습성에 대해서 깊이 있는 지식도 배웠는데, 짐승의 행동을 예측하는 그들의 지혜는 거의 초자연적인 능력에 가까웠다. 캐리어 교수 일행은 장시간 사냥을 하는 부족의 습성만으로도 인간은 분명 '달리기 위해 태어났다'는 결론에 도달할 수 있었다.

그뿐 아니라 캐리어 교수는 대둔근은 우리가 달리기 위해 태어났다는 가설을 뒷받침해 준다는 브램블과 리버만의 주장에 이의를 제기했다. 되레 엉덩이 근육이 달리기를 할 때에는 아무런 역할도 못하고 다른 활동을 할 때 나타나는데, 그것이 무엇인지를 밝히는 것이 자신의 관심사라고 했다. 캐리어 교수는 달릴 때 두드러지지 않는 근육값, 즉 '인간의 운송비'로 화두를 돌렸다.

운송비, 이것은 말 그대로 이동의 효율성을 다루는 것이다. 머릿속에 그래프를 하나 그려 보자. 한 축에는 속도, 다른 한 축에는 동작을 취할 때 소모되는 에너지를 표시한다. 대부분의 종은 이 그래프에서 U자형 곡선을 그리며, U자의 아래쪽이 최적점이 된다. 여기에 해당하는 동물들은 이 속도에서 최소의 에너지로 대부분의 거리를 주파하는데, 이는 자동차가 시속 55마일약 88킬로미터로 달릴 때 최고의 연비를 얻는 것과 같다. 이 지점은 효율성이 극대화되는 지점, 소모되는 에너지 단위로 볼 때 최고의 속도가 나는 지점을 가리킨다. U자형 곡선이 존재한다는 것은 동물 대부분이 하나의 특정 속도, 즉 에너지가 최소로 드는 한 지점에 최적화된 신체를 갖고 있다는 뜻이다.

사람의 몸이 이 법칙에 들어맞는 경우는 걸을 때뿐이다. 걷기에서는 초속 1.3미터 정도의 속도로 걸을 때 에너지 효율성의 최적점이 나타나는 U자 곡선이 보인다. 그러나 인간의 달리기에서는 최적점이 포함된 U자 형태의 곡선이 나오지 않는다. 즉 인간의 달리기 그래프는 아무 변화가 없는 일직선이고 에너지 효율성 면에서 최적으로 규정된 속도가 없다. 반면 달리기를 하는 다른 동물들은 달릴 때 U자 곡선이 만들어진다. 진화에서 에너지 효율성만큼 중요한 요인은 없다. 인간이 달리기에 최적화된 종이라면 과연 최적점은 어디일까? 그리고 이 에너지 효율성에 많은 종의 생사가 달려 있는데, 인간의 달리기는 어째서 최적의 효율성에 맞춰져 있지 않을까?

이 의문은 다른 종들과 어떤 차이가 있느냐의 문제가 아니라 인체 자체의 문제가 된다. 캐리어 교수는 인간의 달리기 그래프에서 운송비 곡선이 직선으로 나타나는 것은 여러 사람의 데이터를 요약했을 때뿐이라는 사실에 주목했다. 반면 개개인의 데이터에서는 U자 곡선이 나타났으며 최적점은 사람마다 달랐다. 다른 종들과 달리 인간의 경우에만 개개인의 조건과 경험에 따라 각기 다른 그래프가 그려진다.

더욱 흥미로운 것은 캐리어 교수가 자신의 주장과 가설을 입증하기 위해 인체 내 각 부위 근육에 대한 비교 연구도 진행했다는 점이다. 각 근육의 용도와 효율은 활동의 종류에 따라 다르고 달리기 종류에 따라서도 다양한 결과가 나온다. 오르막길 달리기에 쓰는 근육과 내리막길 달리기에 쓰는 근육이 다르고 평지나 산 중턱을 달릴 때 쓰는 근육도 다르다. 빨리 달리기와 천천히 달리기에도 차이가 있으며 도약을 할 때도 마찬가지다. 던지기, 밀기, 주먹질, 들어 올리기, 누르기를 할 때에도 다 다른 근육을 사용한다.

캐리어 교수는 어느 한 근육을 집중적으로 사용하는 경우에도 일률적으로 적용되는 최적점이란 존재하지 않았다는 연구 결과를 발표했다. 그와 함께 다른 종들은 '질주에 최적화 되어 있다'는 등 종별로 특정 범주를 규정할 수 있지만 인간은 그렇지 않았다고 밝혔다. 다만 인간에게 최적화된 활동이 달리는 것에 국한되는 것은 아니었으며 굳이 말하자면 운동계의 스위스 군용칼과 같다고 했다.

인간의 활동 전반을 연구하는 사람들에게 이것이 그리 놀라운 결과가 아닐지 몰라도, 달리기 가설 하나에만 마음을 쏟는 연구자들에게는 뜻밖의 결과일 것이다. 인간의 운동 신경계는 다양한 활동을 하도록 설계됐다. 인간이 잘하는 것이 걷기와 장거리 달리기만은 아니다.

캐리어 교수의 말처럼 이 모든 활동은 두 가지 조건을 요구한다. 하나는 인간 활동에 필요한 힘을 공급해 줄 충분한 영양분이고, 또 하나는 다양한 형태의 운동을 제어하는 큰 두뇌이다. 사고, 창조성, 계획, 짝짓기, 협력 같은 수많은 활동에도 큰 두뇌가 필요하지만, 운동만 보더라도 큰 두뇌가 왜 필요한지 충분히 설명된다. 인간에게서만 나타나는 큰 두뇌의 진화는 광범위한 운동의 진화와 직결되어 있다. 요컨대 정신적 민첩성과 신체적 민첩성은 일맥상통하는 능력인 것이다.

캐리어 교수와 그의 동료들이 진행한 연구는 달리기를 하는 사람들과 달리기를 하지 않는 사람들 모두에게 시사하는 바가 크다. 그들의 연구는 우리가 일상에서 흔하게 겪는 일을 전면적으로 다뤘다. 일례로 어느 달리기 주자가 부상을 당해 병원을 찾았다가 의사에게 "아시다시피 우리 몸은 달리기에 적합하지가 않아요."라는 정신이 번쩍 나는 조언을 듣게 됐다.

하지만 캐리어 교수의 연구 덕분에 그는 당당하게 의사의 말을 맞받아칠 수 있었다. 인간은 달리기에 적합하지 않기는커녕 지구상 최고의 장거리 주자다. 이것이 혹 우리가 직립 유인원 중에서 유일하게 살아남아 지구를 지배하게 된 이유일지도 모른다.

유인원이 인간과 가장 가까운 친족이며 인간은 제3의 침팬지라는 가설이 사실로 널리 받아들여지면서 인간은 유인원의 일종이라는 일반화된 이론이 퍼져 나갔다. 하지만 오래 달리기에서 나온 근거를 보면 얘기는 사뭇 달라진다. 침팬지 설계도에서 가장 획기적으로 진보한 종이 바로 인간이니 말이다.

연료

창자가 짧아지면 섬유질이 많은 풀(잎사귀)의 소화 능력이 현저하게 떨어진다. 이는 이백만 년이라는 진화의 역사가 사바나 같은 초원 지대에서 이뤄졌다는 사실을 기억한다면 이것은 결코 사소한 일이 아니다. 초원 지대는 태양 에너지를 효율적으로 이용해 탄수화물로 합성하는 매우 생산적인 장소다. 그러나 그 에너지는 전부 목초와 섬유소라는 소재에 싸여 있고, 창자가 짧은 인간은 이것을 소화시킬 능력이 현저하게 떨어진다.

이와 같이 인간의 몸 대부분은 제 맡은 바 기능을 훌륭하게 수행해 내지만 소화기만큼은 아주 형편없다. 그도 그럴 것이 소화 자체가 에너지 소모를 필요로 하고 이 활동을 최소화시키는 것이 더 현명한 설계이기 때문이다. 또한 두 발로 서서 빠른 속도로 돌아다니려면 내장이 작아야 유리한데 작은 내장이란 짧은 창자, 즉 소화기의 부피를 줄여 그 기능을 축소했다는 뜻이다. 네 발로 걷는 다른 유인원들과는 달리 인간의 몸은 갈비뼈 하단과 골반 상단 사이에 수직으로 상당히 큰 빈 공간이 있고 이 자리에 자리잡은 것이 복부 근육이다. 복부 근육은 우리가 달릴 때 안정적인 직립 자세를 유지해 주고 앞뒤로 비틀리는 몸을 잡아 주는 지렛대 역할을 한다. 따라서 가볍고 탄탄한 배와 단단한 복근을 위해 창자가 들어갈 공간이 줄어들었던 셈이다.

부족한 소화 능력을 극복하는 일차원적인 방법은 소화 업무를 외부에

맡기는 것이다. 우리의 식량이 된 유제류들은 다행히도 섬유소 소화 능력이 탁월한 '풀 뜯는 종grazer'과 '잎과 싹 뜯는 종browser'이 주를 이룬다. 이 네발짐승들은 풀더미며 덩굴을 씹고 또 씹는 되새김질을 한다. 어마어마하게 큰 미로 모양의 창자가 반추 작업을 하여 섬유소를 소화시키는 거다.

인간이 수렵 생활을 한 육식성 종임을 명명백백하게 알려 주는 화석 기록들은 많지만, 채식을 했다는 기록은 어디에도 없다. 육식은 오장육부에서 뼛속까지 인간의 토대가 되며, 인간이 어떤 종인지를 말해 준다.

고도로 발달한 신체에 없어서는 안될 요소인 필수 아미노산(단백질)의 유일한 공급원이 육류다. 그러나 이것이 사실이라 해도 인류학자들과 영양학자들이 우리 종의 지속적인 생존력을 계산하면서 몇 가지 중요한 요소를 간과했다. 오늘날 육류라고 하면 근육 조직, 이른바 살코기를 일컫는데 동물의 몸에서 근육 조직을 제외한 나머지 요소는 모두 무시한다는 얘기다. 물론 이 오류가 새삼스러운 것은 아니다. 이에 관련된 논쟁은 단백질 분석과 연관해서 이뤄져 왔다.

유럽인들이 북아메리카를 탐험하던 19세기, 당시 탐험가들이나 모피 사냥꾼 무리가 접촉한 원주민은 북평원Northern Plains의 유목 부족이었다. 그들은 수렵 채집 부족들이 흔히 그렇듯이 거의 육류만을 먹고 살았다. 얼마 지나지 않아서 그 식단을 따라했던 유럽인들은 병약해졌고 심지어 얼굴이 종기로 뒤덮여 피부가 짓무르는 지경에 이르렀다. 그러자 원주민들이 간과 비자, 골수, 비계 등 자신들이 먹는 부위를 보여 줬는데, 그중에서도 특히 비계를 강조했다. 그 전까지 살코기만 발라 먹었던 유럽인들은 원주민들의 식재료를 따라 먹은 후로 차차 회복됐다. 살코기에는 없지만 내장 조직에 들어 있는 필수 미량 영양소 덕분이었다.

육류 식단에서 공급받을 수 있는 에너지는 단백질만이 아니다. 지방과 생물 농축성 물질인 미량 영양소와 무기질도 함께 얻을 수 있다. 풀을 뜯어먹는 유제류들은 남는 에너지를 지방으로 저장하지만 밀도 높고 풍성한 칼로리원인 지방은 높은 열량을 필요로 하는 인간의 몸에 연료를 공급해 준다. 동시에 땅속 깊이 내린 뿌리가 무기질 토양에서 끌어올리는 마그네슘, 철, 요드 같은 원소들로 이뤄진 풍요로운 보고를 체내에 농축하는데, 이 또한 중요한 영양소가 된다. 이 영양소들은 식물을 직접 먹어서 섭취할 수 있지만 고기 속에 훨씬 더 밀도 높게 농축돼 있다. 인간에게 필요한 양을 식물에서 얻으려면 인간이 소화할 수 있는 것보다 훨씬 더 많이 먹어야 한다. 이들 무기질과 미량 영양소가 지구에 고르게 분포되어 있는 게 아니다. 그렇기에 덩치 큰 초식 동물들이 계절에 따라 이동하고 광범위한 지역에 서식하여 지질학적 환경의 균형을 잡아 주는 역할을 한다. 풀 뜯는 종들은 여러 장소로 옮겨 다님으로써 제자리에서 꼼짝도 않는 어떤 식물보다도 다양한 영양소를 체내에 축적했고 인간은 그들이 축적한 영양소를 잘 활용해 왔다.

인간에게 다채로운 식단이 필요했다는 사실은 인간의 잡식성 식생활에서도 잘 드러난다. 인간은 오랜 기간에 걸쳐 방대한 종류의 식물을 섭취하면서 채집 활동을 위해 광범위하게 이동했다. 그러나 이것은 단순히 에너지원을 얻기 위한 것만은 아니다. 다양한 식단을 통해 다양한 미량 영양소를 확보했고 그로 인해 인체의 복잡한 구조를 원활하게 작용시켰다.

이러한 식단 구성이 가능했던 것은 불의 발견이 큰 몫을 했다. 인간은 불의 사용으로 재료를 조리하는 일이 가능해졌고 각종 미량 영양소의 농축과 소화가 용이해졌다. 인체에 공생하는 미생물 군집microbiome 역시 우리의 부족한 소화 기능을 보완해 준다. 우리 내장에 살고 있는 수천 종의 박테리아는 음식물을 분해하여 영양가를 높인다.

일반적으로는 유목 생활과 직립 보행, 잡식성은 호모 속 전체에서 나타나는 습성으로 호미니드과의 이백만 년 역사 전반에 걸쳐 이어졌다. 하지만 이 주제를 살짝 비틀면 우리가 다루고자 하는 핵심 질문이 나온다. 호미니드과에 속했으나 이미 멸종해 버린 다른 모든 종과 호모사피엔스는 어떻게 다를까? 여기에서 다룬 식단 문제는 호미니드과의 다른 모든 종에도 해당되며, 심지어 네안데르탈인으로까지 거슬러 올라간다. 하지만 우리가 정말로 궁금한 것은 단 하나의 인간 종인 현생 인류가 어떻게 네안데르탈인을 비롯한 다른 원시 인류를 무찔렀느냐는 것이다.

네안데르탈인들도 수렵을 했다. 그들은 굉장한 사냥 기술을 보유하고 있었다. 코끼리 같은 덩치 큰 피식자를 잡는 방법은 호모사피엔스보다 더 전략적이었다. 그들의 몸에서 큰 비중을 차지하는 단백질과 지방 덩어리는 호미니드과 전체를 우월하게 만들어 줬다. 네안데르탈인들은 직립 보행으로 현생 인류만큼이나 균형 잡힌 몸매를 가졌다. 두뇌도 매우 컸다. 당시 호모사피엔스와 비교할 때 그들에게 없었던 것은 생선이었다. 아니, 그보다는 사방에 넘쳐나던 이 영양 공급원을 활용할 방법을 익히지 못했다.

반면 그들의 주된 경쟁자였던 호모사피엔스는 그 방법을 알고 있었다. 물고기를 잡았던 증거가 처음 발견된 곳은 아프리카였고, 물고기를 잡는 활동은 호모사피엔스에게서만 나타났다. 우리 종이 유럽과 아시아에 등장한 사만 년 전 무렵에는 양 대륙 전체의 바다와 민물에서 낚시한 흔적이 나타났다.

그렇다고 호모사피엔스가 낚시만으로 아시아와 유럽에 거주하고 있던 호미니드 종인 네안데르탈인, 데니소바인, 호모 플로리엔스를 다 몰아냈다는 것은 아니다. 단지 낚시가 현생 인류의 식단에서 중요한 역할을 했다는 것은 분명하다. 탄소 측정법으로 화석의 화학적 특징을 분석한 결과 호모사피엔스가 생선을 먹었다는 사실은 이미 밝혀졌다. 지상 종들에게는 없는 몇 가지 원소가 생선에 존재하는데 그 원소들이 사람 뼈 화석에 축적되어 있었던 것이다.

우리는 지구에서 가장 역마살이 강한 종으로 꼽히는 연어에 주목했다. 연어는 그 짧은 생명 주기를 거치는 사이에 수십만 킬로미터에 달하는 광대한 해양과 하천 환경을 섭렵한다. 정확히 말하자면 연어 한 마리 한 마리가 지상 식단에는 부족한 갖가지 미량 영양소를 섭취하며 체내에 축적한다는 얘기다. 그리고 어마어마한 양의 연어 떼가 회귀하는 장면을 직접 본 사람이라면 환경이 아무리 열악한들 연어의 수확이 얼마나 손쉬운지 짐작할 수 있을 것이다. 장시간 낚시할 필요도 없다. 그저 물가에 자리잡고 앉아 갈퀴만 집어넣으면 엄청난 양의 고단백질을 그러모을 수 있다. 이전에 우리가 설명한 다양한 환경을 돌아다니며 수렵하는 유목 종족들이 입증한 다양성의 가치를 기억할 것이다. 그런 유목 종족이 유목 해양종을 섭취했으니 그 영양가가 얼마나 높아졌겠는가.

공감 능력

오랜 세월 고인류학이 밝혀낸 성과들을 토대로 인간을 규정짓는 특징들을 목록으로 만들었다. 인류의 뿌리를 연구하는 영국 학자 크리스 스트링어가 그 목록 중 하나를 소개했다.

인간을 규정짓는 첫 번째 특성으로 꼽은 것이 복잡한 도구인데, 도구의 형태와 양식은 시대와 장소에 따라 급속하게 변화했다. 뼈, 상아, 사슴뿔, 조가비 등의 소재를 깎아 만든 유물, 추상적 상징과 장식적 상징을 포함한 미술 작품, 텐트나 오두막 같은 주거용 구조물, 돌과 조가비, 구슬, 호박 같은 중요한 재료의 장거리 운반, 의식이나 의례를 들 수 있다. 목록에는 그림, 구조물, 복잡한 시신 처리 방법도 포함되어 있다. 또한 사막이나 스텝 지대에는 극한의 환경에 맞춰 개발된 완충 장치가 있으며 어망이나 덫, 낚시 도구, 복잡한 요리 등 여러 단계를 거치는 채집 방법 및 조리법이 있다. 이 목록에는 현대 수렵 채집 부족들의 인구 밀도에 근접하는 상당히 높은 인구 밀도 분포도가 포함되었다.

　이 목록에 포함된 항목들은 인간이 움직이는 방식, 운동 능력, 식량과 식량을 획득하는 방식이 발전하는 과정을 통해 인간의 뇌에서 아주 중요한 직립 보행, 단단한 복부, 왕성한 식욕, 언어와 같이 전례가 없는 어떤 일이 일어났음을 말해 준다. 앞선 이백만 년 동안 호미니드과의 중요한 특징이었던 큰 두뇌 등이 이런 변화를 훌쩍 뛰어넘는 중대한 결과물 말이다. 다만 그 항목은 2차적 특성일 뿐 본질에는 동떨어져 있다. 요컨대 인간의 활동 가운데는 단순한 생체 에너지 변환 메커니즘(인간의 몸에서 에너지를 생명으로 전환하는 활동)에 대해서는 그 어떤 것도 말해 주지 않는다.

　인간의 능력을 가능하게 한 획기적인 뇌 구조물은 화석으로 남아 있지 않아 그 발생 시점을 가릴 수 있는 구체적인 증거는 없다. 이 목록도 최근에서야 나온 발견으로, 복잡한 인간의 뇌에 대해 새로운 사실들을 밝혀내는 신경 과학계의 성과라고 할 수 있다. 하지만 그보다 먼저 밝혀진 두 개의 뇌 세포 구조물은 인간의 능력이 오만 년 전쯤에 어떻게 폭발적으로 발전할 수 있었는지를 조금이나마 밝혀 주는 실마리가 됐다.

먼저 1920년대에 밝혀진 방추 뉴런을 살펴보자. 방추 뉴런은 독특한 생김새를 가진 신경 세포로 유인원의 뇌에서 처음 발견됐다. 다소 적은 양이기는 하나 방추 뉴런은 돌고래와 고래, 코끼리에서도 나타났는데, 이들 동물은 모두가 독특한 능력을 보유한 것으로 알려져 있다. 인간은 뇌의 특정 부위에 방추 뉴런이 수적으로 훨씬 더 많이 존재하며, 신뢰, 공감, 죄의식 같은 복잡한 감정 기능 외에도 계획 수립 같은 현실적인 기능도 관장한다.

이후 1990년대에 이탈리아의 저명한 신경 심리학자 리촐라티 교수는 원숭이에게 다양한 동작을 시켜 보고 매우 흥미로운 사실을 발견했다. 땅콩을 먹는 원숭이를 지켜보던 다른 원숭이가 마치 자신이 땅콩을 먹는 것처럼 반응한 것이다. 신경 과학자들은 이것을 '거울 뉴런'이라고 이름 붙였다. 공감 능력에서 방추 뉴런보다 더 중요한 역할을 하는 것이 바로 거울 뉴런인데 공감이 타인의 생각이나 감정을 자신에게 비추어 보는 능력이라는 점에서 '거울'이란 명칭은 아주 적절하다. 땅콩 먹는 원숭이의 뇌를 모니터하면 손으로 땅콩을 집는 동작, 씹는 동작, 먹이를 통한 만족감 입력 등을 관장하는 뉴런이 활성화되는 것을 알 수 있다. 이것이 공감 신경 회로의 핵심 기능으로 연민보다 한 단계 높은 행동 특성으로 꼽힌다. 다른 사람의 감정을 인식하는 차원을 넘어서서 마치 자기 일처럼 느끼게 되는 것이다.

조금만 깊이 생각해 본다면 이 능력이 얼마나 많은 일을 해낼 수 있는지 알 수 있을 것이다. 공감 능력을 통해 우리는 다른 사람의 입장에서 이야기를 듣게 되고, 타인의 세계관과 나의 세계관이 다르다는 것을 이해하게 된다. 일례로 자폐증 환자들은 바로 이 회로의 오작동으로 타인과 공감하지 못한다고 알려져 있는데, 그들이 거짓말을 못하는 이유도 바로 이 때문이다. 그들은 거짓말을 해 봤자 소용이 없다고 느끼는 데다 다른 사람들도 자신이 아는 것을 똑같이 알고 있다고 여기기 때문이다.

다른 사람의 관점에 의식을 이입하는 능력을 가능하게 해 주는 것이 바로 우아하고 세련된 형태의 거짓말, 이야기 능력이다. 이야기는 추상화와 개념화를 가능하게 하고 이것은 언어 능력으로 이어진다. 즉 언어를 통해 미래의 개념이 나오고, 미래 개념이 있기에 계획을 짜고 음모를 꾸미는 것이 가능해진다. 계획 능력이 공감 능력과 한데 묶이는 이유가 바로 여기에 있다. 공감 능력은 나를 보는 타인의 관점도 알게 해 주기 때문이다.

하지만 공감 능력을 얻기 위해서는 크나큰 대가를 치러야 했다. 앞서 말했듯이 뇌는 그 활동을 지속하기 위해 어마어마한 양의 에너지가 필요하다. 공감 활동을 위해서는 그저 뇌 세포 몇 개를 추가하거나 머리 한쪽 구석에 세포 몇 개를 따로 할당해 놓는 정도가 아니다. 추상 뉴런이나 거울 뉴런의 활동은 세포 몇 개가 활성화되는 정도가 아니라 특정 회로망으로 연결된 세포군이 일제히 활성화되어 뇌의 전 영역에서 에너지가 발산되는 상태라고 할 수 있다. 말하자면 뇌 전체를 동원하여 과중한 용량의 데이터를 처리하는 활동이다. 데이터 용량이 많다는 것은 곧 더 많은 칼로리를 소모한다는 의미이다.

이런 직접 비용의 문제로만 끝나지 않는다는 것을 보여 주는 증거가 있으니, 그것은 바로 방대한 분량의 사람 화석들 가운데 눈이 번쩍 뜨이도록 흥미로운 두개골 화석 D3444이다. 남아 있는 유골은 두개골뿐이지만, 그것만으로도 그 사람이 약 백팔십만 년 전 그루지야로 추정되는 지역에서 살았던 드마니시인이라는 것을 충분히 알아낼 수 있었다. 드마니시인은 네안데르탈인과 마찬가지로 호모니드과에 속하는 별개의 종으로

D3444 두개골(미국 스미스소니언 자연사 박물관)

호모사피엔스보다도 훨씬 오래전에 아프리카를 떠나 오늘날 유럽 동부의 초원 지대에 정착한 무리다. D3444가 특별한 것은 그의 두개골에 치아가 한 개도 남아 있지 않기 때문이다. 그들은 죽기 훨씬 전부터 치아가 하나도 남아 있지 않았다. 인류학자들은 이를 노환의 증거로 보았으며, 그가 말년에 남의 도움에 의지해서 살았음을 보여 준다고 믿었다. 즉 우리가 오늘날의 인간이 되기 훨씬 전부터 호미니드에게는 혼자 힘으로 살아갈 수 없는 이들을 돌봐 주는 습성이 있었다는 뜻이다. 남에게 도움을 베풀자면 막대한 에너지가 소모된다. 공감 능력이 우리에게 오늘날까지 남아 있는 것을 보면, 공감은 치르는 대가에 비해 더 큰 이득을 가져다주는 행위임에 틀림없어 보인다.

사실 머나먼 과거로 거슬러 올라가지 않아도 사람이 힘없는 존재를 돌봐 줬던 예는 얼마든지 찾을 수 있다. 어쩌면 이것이 인간의 특성 가운데 가장 두드러진 특징인지도 모른다. 우리는 인간의 생존을 좌지우지할 수도 있는 이런 능력을 쉽게 간과해 버리는데, 근본적이고 심오한 삶의 요소들에 대해 늘 그렇듯 그것을 당연한 것으로 여기고 넘어가기 때문일 것이다.

이 논의를 좀 더 발전시키기 위해 우리는 '만성성', 즉 성숙이 늦어 한동안 어미의 보살핌을 필요로 한다는 의미의 이 용어를 살펴볼 필요가 있다. 갓 부화한 지빠귀새 새끼부터 눈 못 뜬 새끼 강아지까지 어린 새끼에게 어미의 보살핌이 필요한 것은 당연하다. 그러나 바로 이 만성성은 머나먼 과거부터 오늘날까지 인간과 동물을 구분 짓는 가장 큰 차이점이었다. 인간은 다른 어떤 종보다도 오랜 기간 보살핌을 받는 종으로 그 기간은 십사오 년에 이른다. 보살핌을 받는 기간에 있어서만큼은 그 어떤 종도 우리를 따르지 못한다.

이러한 특성은 큰 두뇌로 인한 필연적인 결과물이다. 인간이 뇌가 다 완성되지 못한 채 태어나는 이유는 그렇게 큰 머리로는 도저히 산도를 통과할 수 없기 때문이다. 인간의 뇌는 출생 이후에 이십여 년에 걸쳐 각종 신경망이 연결되고 갖가지 기능이 발달하면서 완성된다.

고인류학계에는 만성성이야말로 인간의 속성 가운데 가장 두드러진 특징이며 인간의 존재를 가능케 한 초석이라고 주장하는 학자도 있다. 갓난아기는 한시도 눈을 떼지 않고 지켜보고 보호해 줘야 할 뿐만 아니라 가르치고 먹이기까지 해야 하는 존재여서 배우자 없이 혼자의 힘으로는 그 일을 제대로 해낼 수가 없다. 남자들은 집에 남아 젖을 먹이는 산모에게 필요한 에너지를 공급하기 위해 수렵 채집을 나가야 했고, 여자들은 혼자서 젖먹이를 키울 수 없었다. 따라서 집단 내 유대감은 피할 수 없는 사명이었다. 이 같은 사회적 약속의 핵심에는 아기가 있다. 아기 없이 인간은 유지될 수 없었다. 번식에 성공하여 다음 세대를 재생산할 때만 진화가 가능해진다. 인간에게 이것은 엄청난 과업이었다. 인류 역사와 모든 문명권을 통틀어 재생산이라는 과업에는 성인 넷에 아이 하나라는 비율이 반드시 필요하다.

이것이 우리가 협력해야 하는 이유이며, 이 협력을 가능케 하는 공감 능력이나 언어 능력 등이 발전해 온 이유이기도 하다. 인간의 다른 모든 특성은 오로지 이 조건에서 파생된 것이다. 그런 의미에서 공감 능력과 폭력성, 공동체와 전쟁, 이야기 능력, 춤과 음악은 전부 2차적 특성이다.

고인류학자 이언 태터솔은 인간과 나머지 다른 종들의 차이를 다음과 같이 멋지게 요약했다.

"인간은 얼마간이나마 서로의 안위를 돌보았으나 침팬지는 그러지 않았다."

chapter

진화의 흔적,
문명병으로
나타나다

무엇이 인간을 죽음에 이르게 하는가?

죽음에 이르게 하지는 않더라도 인간을 병들게 하는 것은 무엇인가?

이는 간단하게 답할 수도 없거니와 논란의 여지도 많다. 그야말로 수많은 과학자들의 노력과 엄청난 돈이 투입되어야만 답을 얻을 수 있는 질문이다. 이 질문은 다음과 같이 크게 두 가지로 압축해 볼 수 있다.

첫 번째 질문은 참으로 골치 아픈 문제다. 인간이라면 언젠가는 죽어야 하는 존재라는 사실과 맞닥뜨릴 수밖에 없다. 의학이 사인死因 하나를 정복한다 해도 또 다른 사인이 끼어들어 결국 자연의 섭리를 이행할 테니까 말이다. 일반적으로 의학계에서는 이 문제를 '조기 사망'이라고 명명하며 대응해 왔는데, 의미야 무엇이 됐든 인간이라면 언젠가 어떤 이유에서든 사망한다. 따라서 인간을 병들게 하는 것, 즉 우리가 살아 있는 동안 삶의 질을 떨어뜨리는 질병이 무엇인가를 묻는 것이 훨씬 더 합리적인 접근법이 될 것이다. 최근에는 이 두 가지 질문 모두를 해명하려는 연구가 진행되고 있는데, 앞으로 몇 년이면 그 성과를 얻을 수 있을 것이다.

우리를 아프게 하는 것

시애틀에 위치한 건강 영향 측정 평가 연구소는 빌&멜린다 게이츠 재단Bill n Melinda Gates Foundation의 지원으로 '세계 질병 부담' 프로젝트에 착수했다. 이 프로젝트는 죽음의 두 가지 원인을 다룰 뿐만 아니라 전 세계 187개국에서 291종의 질병을 앓는 사람들의 삶의 질과 체력적인 한계를 측정한다. 뿐만 아니라 1990년부터 2010년까지 이십여 년 동안 질병 발생 양상에 어떤 변화가 있었는지도 조사하고 있다. 그들은 프로젝트의 첫 결과로, 오늘날 세계에서 가장 문제가 되고 있는 12가지 질병을 2012년 말, 의학전문지인《랜싯Lancet》에 순위별로 발표했다.

1	허혈성심질환	2	하기도 감염
3	뇌졸중	4	설사
5	HIV	6	요통
7	말라리아	8	만성 폐쇄성 폐질환
9	조산	10	교통사고
11	주요 우울증	12	신생아 뇌염

이보다 더 눈에 띄는 것이 질병 발생의 원인이다.《랜싯》에서는 이 프로젝트를 통해 밝혀진 세계에서 가장 높은 사인 및 질병 인자 12가지도 다음과 같이 순위별로 소개됐다.

1	고혈압	2	흡연
3	알코올	4	실내 공기 오염
5	과일의 섭취 결핍	6	높은 체질량 지수(비만)
7	고혈당	8	저체중
9	미세 먼지	10	무기력
11	고염식	12	견과류 및 씨앗류의 섭취 결핍

두 목록 어디에도 암이 보이지 않는다. 뿐만 아니라 빈곤과 연관되어 줄줄이 연상되는 전염병도 찾아볼 수 없다. 그나마 전염병으로 간주될 수 있는 거라면 말라리아와 신생아 뇌염인데, 말라리아는 그 시작이 오래됐을 뿐 삼림 벌채와 개간 후에 생긴 문명병의 일종이다. 이쯤 되니 우리의 통념을 벗어난 결과가 놀랍기만 하다.

하지만 더 인상적인 것은 12가지 위험 인자 목록이다. 이 목록은 유전적 결함이나 미생물 감염 때문에 발생한다고 믿었던 우리의 통념을 송두리째 뒤흔든다. 되레 '질병'이란 어휘의 선택이 잘못된 게 아닌가 싶다. 앞으로는 질병이란 말 대신 '고통'이라고 바꿔 불러야 할지도 모르겠다.

이 질병들은 신체상의 결함이나 약점에서 비롯된 것이 아니라 고약한 우리의 생활습관이 자초한 것이다. 바꿔 말하면 고통을 유발하는 12가지 위험 인자는 우리의 일상생활에서 고쳐 나갈 수 있다는 말로도 해석된다. 그리고 이 12가지 위험 인자가 이 책의 토대가 되는 개념들과 직접적인 연관이 있다는 것을 주의 깊게 봐 주기 바란다.

문명병의 이해

내 몸의 자연 설계는 게이츠 부부의 재정 지원이 없더라도 손쉽게 알아낼 수 있는데 이 작업에 가장 적합한 장소가 공항이다. 방법도 간단하다. 붐비는 공항 하나를 골라 사람들이 오가는 모습을 지켜보기만 하면 된다.

공항의 군중 속에서 비만인 사람을 골라 보자. 너무나 뚱뚱해서 휠체어가 필요한 사람도 있고, 자기 발로 걸을 수는 있지만 묵중한 무게를 감당하느라 땀이 흐르고 숨이 차는 사람도 있을 것이다. 여기서 멈추지 말고 좀 더 자세히 들여다보자. 공항 안을 지나다니는 사람들의 몸매와 건강 상태, 처진 피부와 창백한 혈색, 내리깐 시선 따위가 눈에 들어올 것이다. 이제 공항의 이십 년 전 장면을 떠올려 보자. 과연 지금과 같은 풍경일까? 그것이 여러분의 기억이든 공식적인 통계든, 이십 년 전과 지금은 상당히 다른 모습일 것이다. 그 비교만으로도 얼마나 빠른 속도로 우리 인류에게 비관적이고 엄청난 일이 일어나고 있는지 알 수 있다.

'문명병'이라는 단어는 1840년대 나폴레옹의 군대에서 복무했던 프랑스 의사 스타니슬라스 탕슈Stanslas Tanchou의 강의에서 처음으로 언급됐다. 당시 탕슈가 초점을 두었던 것은 과체중이나 고혈당이 아니었다. 그도 암을 더 큰 질병이라고 여겼다.(아닌 게 아니라 암은 최초의 문명병이다.) 탕슈는 사망 신고 자료를 분석하다가 암이 농촌 지역보다 파리처럼 번화한 도시에서 훨씬 더 많이 발병하며, 유럽 전역에서 발병률이 상승하고 있다는 사실에 주목했다.

20세기 초에 이르러 이후 문명병이라는 개념이 전 세계로 확산되었고 기나긴 질병 목록에 포함됐다. 이 시기는 이른바 '문명의 전파'로 요약되는 제국주의 시대였다. 제국주의 열강은 비약적으로 발전한 과학 기술을 앞세워 지구 곳곳에 전선을 형성하면서 수렵 채집 위주의 옛 방식으로 사는 사람들과 충돌했다. 제국주의 진영의 의사들은 어느 전선에서든 원주민들의 건강이 유럽인들보다 여러 가지 면에서 훨씬 훌륭하다는 사실을 발견했다. 또한 전 세계 어느 지역의 원시 부족에게서도 암은 발견되지 않았다. 가령 1908년 미국국립자연사 박물관이 의뢰한 종합 보고서를 보면, 당시 아메리카 원주민들 사이에서도 암은 '극도로 희귀'했다. 한 의사는 아메리카 원주민 2,000명을 십오 년에 걸쳐 심층 연구했는데, 이 경우에도 암은 단 한 건에 불과했다. 피지 원주민 120,000명 중에서 암으로 사망한 사례는 고작 두 건뿐이었다. 보르네오에서 의술을 펼쳤던 한 의사는 십 년 동안 암 환자를 단 한 명도 만나지 못했다고 증언했다. 반면에 뉴욕 같은 도시에서는 암으로 인한 사망자가 흔했으며 암으로 진단받는 경우도 10,000명 당 32명에 이를 정도로 빈번했다.

탕슈의 문명병이 알려진 뒤로 한 세기 반 동안 이누이트족과 알류트족으로부터 북아메리카의 아파치족, 남아메리카의 야노마미족, 미크로네시아의 여러 부족과 오스트레일리아의 아보리진, 아프리카의 !쿵족에 이르기까지 지구상에 남아 있는 거의 모든 '문명 이전 사회'가 연구 대상이 됐다. 나아가 연구자들은 지구상의 원주민들에게는 없는 질병 목록을 작성하기도 했는데, 그 가운데 심혈관질환과 고혈압, 제2형 당뇨병, 관절염, 건선, 충치, 여드름이 특히 눈에 띈다. 현대 사회에서 가장 심각한 문제로 대두된 몇몇 질병이 이 목록에 포함됐다는 사실을 기억해 두자.

장수가 병이 된 사회

19세기에 인종 간 차이에 대한 연구가 활발하게 이뤄지면서 연구자들이 너도나도 이 현상을 규명하기 시작했다. 당시의 관점은 예상할 수 있다시피 인종주의적이었다. 그들은 유전학을 근거로 원주민 집단에게 나타난 질병에 대한 내성이 선천적인 것이라고 주장했다. 그러나 얼마 지나지 않아 이 주장은 틀린 것으로 드러났다. 해당 원주민 집단에 서구식 식단과 생활 방식을 주입하자 문명병 발병률이 상승한 것이다. 초창기 연구에서도 백인과 함께 생활한 원주민들이 서구 질병에 희생되었던 사례가 등장하고는 했다. 이민자 연구에서도 질병 없는 지역에서 질병에 취약한 지역으로, 가령 오스트레일리아 오지에서 유럽으로 이주한 사람들이 금세 그 지역 사람들이 걸리는 질병에 똑같이 걸렸던 사례를 보여줬다. 이처럼 문명병은 유전적 차이에서 오는 것이 아니다.

비슷한 시기에 또 다른 주장이 제기되었다. 일각에서는 '문명병'보다는 '장수병disease of longevity'이라는 용어를 택함으로써 이 문제를 대하는 태도를 달리했다. 다만 이쪽 진영 연구자들은 서양 문명의 축복으로 전염병을 제어하여 사람의 수명이 길어졌고, 이로 인해 심장병, 암, 제2형 당뇨병에 걸리는 시간이 늘어났다고 주장한다. 오늘날에는 십 대에게서도 제2형 당뇨병이 나타난다는 반증에도 불구하고 이 주장은 여전히 영향력을 발휘한다. 그렇다면 오늘날에는 십 대들이 십 대로 더 오래 살아서 이 장수병에 걸린다는 걸까?

제2형 당뇨병은 설탕과 정제된 탄수화물을 먹는 데서 오는 생활습관형 질병이다. 이 병은 문명병의 초기 기록에서부터 등장하는데, 식단에 설탕과 밀가루가 등장했던 시기에 아프리카와 애리조나처럼 서로 무관해 보이는 지역에서 동시에 나타났다. 이후 우리와 함께해 온 시간만 한 세기가 훌쩍 지났다.

한 세대 전만 해도 미국의 의사들은 제2형 당뇨병이 희귀하다는 이유로 해당 환자를 반갑게 맞이했다. 걸을 수 있고 말할 수 있는 환자라면 직접 진료를 통해서 데이터를 축적할 절호의 기회로 여겼다. 시간의 흐름에 따라 발병률이 비교적 낮은 어린이 환자가 속출하더니 점차 전 연령대로 고르게 확산되고 장기간의 당 섭취만으로도 비만으로 발전할 가능성이 높아졌다. 제2형 당뇨병이 비만과 동반 발병하는 결과를 초래한 것이다. 제2형 당뇨병은 오늘날 미국의 십 대 사이에 유행병처럼 급증하고 있다. 특히 식단에서 설탕의 비중이 압도적인 빈곤층 십 대 청소년들이 심각한 문제를 겪고 있는데 최근(2012년)에는 이런 뉴스도 보도됐다.

정부 연구팀은 근년 들어 미국 십 대의 당뇨병 전기 또는 제2형 당뇨병 발병률이 두 배 이상 상승했으나 비만과 다른 심장 질환 위험 인자에는 변동이 없다고 발표했다.

이 연구팀은 1999년부터 2008년까지 십 대 비만 비율이 18퍼센트에서 20퍼센트 선을 꾸준히 유지하고 있다는 희소식도 함께 전했다.

제국주의 시대에 시작된 문명병은 우리 시대에 이르기까지 두 세기에 걸쳐 기세등등하게 확산되고 있는 유행병이다. 제국주의는 저문 지 오래건만 이 유행병은 오늘날까지도 폭발적으로 이어지고 있다.

이것을 '장수병'이라고 부른다면 한 가지 중요한 점을 간과하게 된다. 쉽게 말해서 장수의 의미가 중요한데 과연 수렵 채집인이 장수할 수 있었을까 하는 의구심을 떨치는 거다. 즉 수렵 채집 시대 사람들이 모두 단명했다는 주장은 문명사회 이전의 사람들은 하나같이 더럽고 흉악하고 키가 작았다고 믿는 홉스주의적 사고와 다를 바가 없다. 수렵 채집 종족의 평균 수명은 우리 시대의 평균 수명보다는 낮았겠지만, 그들 중에 노인이 된 사람이 한 명도 없었던 것은 아니다. 노인을 부족의 영향력 있는 원로로 대접했음을 보여 주는 인류학 기록도 풍부하게 보존되어 있다. 단 그들이 건강하게 장수할 수 있었음에도 평균 수명을 낮추는 요인은 많았는데, 신생아와 어린아이의 높은 사망률이 크게 작용했다. 야생에 서식하는 종들에게 어린 개체의 높은 사망률이 일반적인 현상인데, 당시에는 인간도 야생에서 사는 종이었다.

하지만 문명병에 대한 연구는 결코 과거 두 세기에 국한되지 않는다. 19세기의 제국주의와 식민지 건설 사업은 문명의 탄생과 더불어 시작된 과정에서 정점에 해당되는 시기일 뿐이다. 앞서 말했듯이 문명의 탄생이란 농경의 탄생을 의미하며, 그 시점은 약 일만 년 전이 될 것이다. 이렇게 기간을 확장시키면 기록도 크게 늘어나고, 증거 또한 명확해진다. 북아메리카가 그 훌륭한 표본이 될 것이다.

사람들은 콜럼버스 이전 아메리카 원주민이라면 그레이트플레인스의 들소 수렵 부족처럼 전부가 수렵 채집인이었을 것이라고 생각한다. 그러나 콜럼버스가 신세계에 발을 들여놓던 당시에는 북아메리카의 수렵 채집 인구가 동시대의 동유럽 인구만큼이나 희귀한 상태였다. 1492년의 아메리카 원주민들은 대체로 한 지역에 정착해 농사를 짓는 농경 부족이었지만, 대륙 전체에 드문드문 흩어져 살던 수렵 채집 부족도 있었다. 인류학자들은 두 집단의 유골을 심층 분석하고 전 세계 지역별, 시기별 기록과 대조하여 일치점을 찾아냈다. 수렵 채집인들은 신장이 더 크고 불구자가 더 적었으며 충치 같은 문명병의 증거를 전혀 보이지 않았다. 그러나 동 시기 북아메리카의 농경 부족민들은 이 문제들을 다 가지고 있었다. 서양 문명이 들어오기 전부터 이미 그들이 문명병으로 고통받았다는 증거가 나온 것이다. 또한 우리가 문명을 야생 길들이기의 등장, 농경의 탄생으로 정의해야 하는 이유가 바로 여기에 있다. 우리가 정말로 이야기해야 할 것은 농경 생활이 낳은 질병, 즉 정착 생활의 도래와 함께 시작된 질병이라 할 수 있다.

식량과 종족 번식

인간은 일만 년에 걸친 점진적인 변화 끝에 지금에 이르렀다. 오늘날 문명병을 범람시킨 주범이 현대의 산업형 농업과 이로 인한 인구 과잉, 고도로 산업화된 먹이 사슬, 사무직 종사자의 증가와 불규칙한 생활습관이라고 비난하고 싶을 테지만, 문명병은 인간이 처음으로 곡식을 재배하던 시절부터 시작됐다. 이것이 인류학자들의 한결같은 주장이다. 산업 혁명이나 정보화 시대의 변화를 논하기는 해도 농경의 도래가 야기한 변화에 비하면 그 수준이 초라할 따름이다. 야생의 밀을 재배종으로 길들인 것이 농경인데 이것이 인류에 미친 영향이 어찌나 심대한지 곡물이 우리를 길들였다고 얘기해도 무방할 정도다. 농경이야말로 인간이 속한 호미니드과의 이백만 년 역사 가운데 가장 큰 변화였다.

그렇다고는 해도 인류가 일만 년 동안 의지해 왔던 농경의 근원이 곡물이라고 단정할 수는 없다. 농경이 약 일만 년 전, 밀 재배로 시작된 것은 사실이나 초기 수천 년 동안에는 수렵과 채집 활동의 비중이 훨씬 더 컸다. 다만 육천 년 전, 현재의 이라크와 터키 지역에서 본격적으로 변화가 일어났다. 나아가 작물별로 따로 재배하는 농경 방식이 지속적으로 행해져 마침내 오천 년 전경의 아시아와 아프리카에서는 쌀, 중앙아메리카에서는 옥수수, 남아메리카에서는 감자 같은 덩이줄기를 주요 작물로 재배하기 시작했고, 각 지역 고유의 문명이 탄생했다. 요컨대 남아메리카의 감자를 제외한 쌀과 밀, 옥수수가 야생의 풀을 길들여 경작한 셈이다. 이 작물들 대부분이 에너지 밀도와 보존력이 높은 탄수화물, 즉 전분을 저장하는 식물이었다는 점도 중요한데 이것이 바로 문명이다. 따라서 문명은 전분이며, 직접적으로든 간접적으로든 문명병은 전분이 낳은 질병이라 할 수 있다.

전분은 복합 탄수화물이지만 가수분해가 쉬워 입속에만 들어가도 단순 탄수화물로 분해되는 경우가 적지 않다. 그리고 포도당과 과당으로 구성된 설탕은 단순 탄수화물의 대표적인 산물인데 과당은 간에서 곧장 포도당으로 분해된다.

인체는 포도당 분해 능력이 뛰어나다. 특히 과일과 덩이줄기 식물을 통해서 포도당을 섭취해 왔다. 인간의 몸은 포도당을 글리코겐으로 분해하는데, 글리코겐이 우리를 움직이게 하는 동력이라는 데에는 그 누구도 토를 달지 않을 것이다. 포도당은 결코 처음 나온 것이 아니며 전분조차 새로운 것이 아니다. 수렵 채집 종족들도 포도당과 전분을 섭취했으나 그 양이 충분하지 않았을 뿐더러 단일 에너지원이 되지도 못했다. 그러던 것이 일만 년 전 농경의 발달로 전분의 물결이 일어났고 우리 시대에 이르러서는 기하급수적으로 증가했다.

야생풀이었던 밀과 옥수수와 쌀은 현대인들의 3대 주식으로 꼽히고, 남아메리카에서 재배한 감자는 그 뒤를 잇고 있다. 이 네 가지 식량이 사람이 섭취하는 전체 영양소의 75퍼센트를 공급하고 장시간 저장이 가능한 고탄수화물 곡물로 인해 인간은 정착 생활이 가능해졌다. 다시 말해 수렵 채집 종족들처럼 멀리 광활한 땅으로 유목을 다닐 필요가 없어졌다는 얘기다.

정착 생활을 시작하자 여성의 출산율이 상승했다. 이것은 다양한 설을 제기할 수 있지만 무엇보다도 곡물로 유아가 먹을 수 있는 이유식을 만들 수 있었다는 걸 들 수 있다. 즉 곡물이 인구 증가를 크게 촉진시킨 셈이다.

정착 생활을 하면서 시작된 야생 동물의 가축화는 새로운 단백질 공급원을 창출했지만, 동시에 새로운 질병을 창출했다. 우리가 겪는 전염병 대부분이 가축, 그중에서도 특히 닭과 돼지를 통해 발생하기 때문이다. 한편 곡물 저장으로 부의 축적이 가능해졌지만, 그것은 몇몇 소수의 차지가 되어 버렸다. 부의 불평등을 보여 주는 초기 농경 사회의 유물은 다량 발견됐지만, 수렵 채집 사회의 유물에서는 부의 편중 현상이 확인되지 않았다. 말하자면 부의 축적이 문명을 낳은 것은 사실이나 빈곤도 함께 낳았다고 봐야겠다.

이것이 야생 길들이기의 효과로서 가장 두드러지게 나타난 현상들이며 가장 많이 거론되는 특징들이기도 하다. 하지만 미묘하게 함축된 요소들을 들여다보면 상당히 흥미롭다. 우리가 평생 접하는 복합적인 환경에서 유발되는 암에 대해 이야기했던 것을 다시 생각해 보자. 암과 문명의 관계는 간단하게 설명할 수 없지만 별것 아닌 듯한 통계 하나가 중요한 사실을 말해 주기도 한다. 특히 여성들에게 흥미로울 터인데, 사회가 발전할수록 유방암과 난소암의 발생 빈도가 크게 증가한 것이다. 하지만 이것이 진화 및 농경과 어떤 관계가 있을까?

인간의 몸속에서는 건강 상태를 측정하는 각종 메커니즘이 자체적으로 돌아가고 있는데, 이중 가장 중요하게 여기는 것이 바로 생식 능력이다. 인체의 감각 기관은 아기를 풍족한 시기에 최고로 건강한 상태에서 낳게 하는 데 이바지하도록 발달해 왔다. 수렵 채집 종족 여성의 평균 초경 연령은 약 열일곱 살인데, 오늘날 후기 산업 사회 여성의 초경 연령을 추적해 온 사람들에게는 다소 놀라운 사실일 것이다. 후자 그룹의 초경 연령이 대략 열두 살이니 말이다.

과학자들은 이렇게 초경 연령이 다른 이유에 대해서 많은 가설을 제시한다. 그것은 유전적 차이 때문일까? 아니다. 가령 잉글랜드로 이민 온 방글라데시 여자아이의 초경 시점은 잉글랜드 여자아이들과 일치한다는 것이 많은 연구를 통해 밝혀졌다. 그렇다면 오염성 화학 물질과 환경 호르몬, 식품 첨가물이 원인일까?

이들 물질의 영향도 있겠지만, 많은 연구들이 밝혀낸 훨씬 더 단순한 원인은 바로 체중이다. 뚱뚱한 여자아이일수록 초경 시기가 앞당겨지는 경향을 보인다. 수렵 채집 종족의 여자아이들은 예나 지금이나 날씬하고 활동적이며, 발육도 자연의 장기적 계획에 맞춰 이뤄진다. 탄수화물과 정착 생활을 특징으로 하는 인구 집단에게서 이 계획에 변동이 생기는 이유는 단순하다. 이 집단의 여자아이들이 더 뚱뚱하기 때문이다. 몸의 감각 기관도 이 조건에서 생식할 시기를 파악하는 것이다.

이 같은 변화의 진짜 문제점은 나중에 나타난다.* 초경이 시작되면 규칙적인 호르몬 분비로 일정한 월경 주기를 갖게 된다. 그 결과 초경을 일찍 시작해서 임신이 거의 없이 평생을 규칙적으로 생리를 한다면** 수렵 채집 사회의 여성보다 생리를 두 배 더 많이 하게 되고, 호르몬 분비 주

---

* 비만률과 빈곤층 청소년 임신율이 일치하는 것이 우연만은 아니라는 우리의 생각이 이 논의를 통해 충분히 설명되기를 바란다.
** 몸이 마르고 운동을 많이 하는 소녀와 성인 여성은 월경 주기가 일정하지 않은 경우가 많다.

기도 두 배가 더 많아지는 것이다. 그 호르몬의 하나인 프로게스테론은 세포 분열을 촉진하는데, 유방과 난소에서 다량의 호르몬이 자주 분비됨에 따라 종양 발생 확률이 높아진다. 이것이 바로 문명병으로 유방암과 난소암이 발생하게 된 이유이다.

진화는 두 가지 쟁점, 즉 식량과 종족 번식에 철저히 귀를 기울인다. 진화에서 하루하루 어떻게 살아남을 것이며, 세대를 어떻게 이어갈 것인가 하는 문제보다 더 중요한 것은 없기 때문이다.

자가 면역 질환

치마네족은 아마존 열대 우림에서 살아남은 수렵 채집 부족이다. 의사들은 치마네인 12,000명을 집중적으로 연구하면서 총 37,000회의 검사를 수행했고, 누구라도 예상할 만한 검사 결과를 얻어 냈다. 그들에게서 유방암과 난소암은 물론 결장암과 고환암도 전혀 나오지 않았다. 심혈관 질환 역시 전무했다. 천식 환자도 없었다.

여기에서 우리는 천식이라는 흥미로운 새 관문을 언급했다. 이 관문은 우리를 제2의 물결이라 할 전대미문의 영역, 즉 새로운 문명병으로 인도한다. 그리고 그 속을 들여다보면 진화가 얼마나 정교하고 복잡한지, 감탄하다 못해 외경심마저 일 것이다.

천식은 자가 면역 질환인데, 치마네인들의 자가 면역 질환 발병률은 뉴욕 시민의 40분의 1정도에 지나지 않았다. 자가 면역 질환은 아주 단순하게 설명하면 신체가 자기를 공격하는 현상이다. 실질적인 위협은 되지 않는 이물질이 몸 안에 들어왔을 때 우리 몸은 면역 반응을 일으키는

데, 자가 면역 질환은 이 시스템이 갑자기 핵전쟁이라도 벌일 태세로 면역 반응을 난사하는 현상이다. 자가 면역 질환은 우리 시대의 새로운 유행병으로, 과학 저술가 모이세스 벨라스케스-마노프가 이름 붙인 대로 '무균 상태의 유행병epidemic of absence'이라 하겠다.

자가 면역 질환의 특징은 첫째, 유행성이다. 류마티스염, A형 간염, 결핵, 볼거리, 홍역 같은 평범한 감염 질환들은 전 세계적으로 현저히 감소했다. 1950년만 해도 보편적이던 볼거리, 홍역 등의 일부 질환은 오늘날 발생률이 0으로 떨어졌다. 반면 같은 기간 동안 다발성경화증, 크론병, 제1형 당뇨병, 천식 같은 자가 면역 질환이 최소 두 배 더러는 네 배까지도 증가했다.

둘째, 이 유행병은 겨우 한 세대 전에 등장한 최신 현상으로 양상은 훨씬 더 복잡해졌으나 발전 경로는 여느 문명병과 다를 바가 없다. 모든 자가 면역 질환은 문명 사회 중에서도 고도로 발전한 지역의 사람들에게 가장 먼저 나타난다. 같은 도시라 해도 부유한 동네일수록 뚜렷한 양상을 띤다. 가령 뉴욕 어퍼이스트사이드의 펜트하우스에 사는 사람들은 천식에 걸리지만 앨라배마의 양돈 농가 주민들은 걸리지 않는다.

'무균 상태' 부분은 한층 더 흥미롭다. 자가 면역 질환의 유행을 설명해 주는 가장 정평한 가설은 1980년대로 거슬러 올라간다. 이 가설에 따르면 자가 면역 질환은 감염 질환의 원인이 되는 박테리아뿐만 아니라 십이지장충 같은 기생충까지 다 박멸해 버린 결과라고 주장한다.

모이세스 벨라스케스-마노프는 이 현상을 다음과 같이 요약한다.

면역 매개 질환의 발생률은 풍요와 서구화에 정비례한다. 주변 환경이 우리가 진화해온 환경, 즉 동물과 배설물과 흙이 많고 감염 매체가 득시글거리는 환경과 흡사할수록 이 질환의 발생률은 떨어진다.

이것이 바로 보존 생물학자 폴 에얼릭과 피터 레이븐이 제창한 공진화共進化 개념이다. 공진화 가설은 한 생물 집단이 진화하면 이와 관련된 생물 집단도 진화하는 현상을 말한다. 말하자면 좋은 의도로 자연 생태계에 개입할 경우, 생태계 전체를 위협할 만한 심각한 결과를 낳을 수 있다는 것이다. 예컨대 늑대나 말코손바닥사슴에 치명적인 감염성 박테리아가 있다고 치자. 두 부류 중 한쪽이 멸종하면 상대쪽도 생존에 타격을 입을 수 있다는 거다.

무균 상태의 유행병을 야기하는 자가 면역 질환 메커니즘은 상당히 단순하며 진화와 관련이 있다. 점진적으로 증가해 온 인구가 구석기 시대 후기, 빙하에 밀려 한곳에 모여 살게 되면서 말라리아 같은 몇몇 전염병이 번지기 시작했다. 농경이 시작된 것도 아닌데 말이다. 점차 강력한 면역 체계를 키운 인간은 진화에서 유리한 위치를 점하게 됐는데, 이 능력에 특화된 것으로 밝혀진 유전자도 존재한다. 그런 점에서 이탈리아의 섬 사르데냐는 아주 흥미로운 사례가 될 듯하다.

사르데냐는 최근까지 말라리아가 만연했던 지역이다. 연구자들은 사르데냐 섬 사람들에게서 말라리아에 대응하는 유전자의 적합도가 우세하게 나타난다는 것을 발견했다. 진화적 선택압Selection Pressure이 그들로 하여금 말라리아를 매우 효과적으로 물리치게 해 준 것이다. 20세기에 접어들어 사르데냐에서 말라리아가 박멸되자, 고도로 적응된 이 호전적인 면역 체계는 새 상대를 찾아 나섰다. 이들의 새 표적은 자기 몸이었다. 오늘날 사르데냐에서는 자가 면역 질환인 다발성경화증이 유행병 수준의 발생률을 보인다. 현대인을 괴롭히는 각종 자가 면역 질환의 발생 경로도 이와 유사하다.

우리는 자가 면역 질환을 문명병이 나타나기 전에 별개로 발생한 독립 질병처럼 다뤘지만, 사실 이것은 음식과 면역 반응 사이에 일련의 혼선이 빚어진 것이다. 미생물은 우리 삶에 결코 우발적으로 등장한 것이 아니다. 지금 우리 몸속에는 지구상의 인구를 다 합친 숫자보다 더 많은 미생물이 살아 움직이고 있으며 그 대부분이 박테리아다. 박테리아의 세포 수는 우리 몸의 세포 수를 능가하며, 우리 몸속 미생물들의 유전자 코드 정보는 우리 몸의 유전자 코드 정보를 초라하게 만든다. 우리의 유전자 정보가 기껏해야 기가바이트GB에 머무는 USB메모리라면 미생물은 테라바이트TB를 담는 외장하드라고나 할까.

가령 생식의 에너지 효율성 문제를 살펴보자. 사람은 간결해진 소화기 기능을 끌어올리기 위해 사방에서 끌어올 수 있는 도움은 다 받아야 하는데, 우리는 이 목적에 미생물을 이용한다. 최근 연구에 의하면, 우리 몸이 쓸 수 있는 칼로리 함량은 자신의 소화 기관에 어떤 유형의 박테리아가 서식하느냐에 달려 있다고 한다. 즉 사람마다 서식하는 박테리아 개체군 유형이 다르다는 얘기다. 우리 소화 기관 안에 사는 박테리아는 우리가 먹은 음식에서 필요한 에너지를 섭취하는 동시에, 그 에너지 일부를 우리 몸이 흡수할 수 있게 만들어 칼로리 함량을 평균 10퍼센트 증가시킨다. 비만 쥐의 소화기에 서식하는 박테리아를 다른 쥐에게 이식했더니 그 쥐들도 비만이 됐다. 그런가 하면 음식으로는 섭취하기 어려운 비타민을 생성시키는 박테리아가 있다는 사실도 밝혀졌다.

한 실험에서는 건강하고 날씬한 사람들에게 패스트푸드 식단을 공급했더니 음식으로부터 더 많은 칼로리를 흡수하고 살도 찌게 만드는 박테리아 종이 수검자들의 몸속에서 번식하더라는 사실을 밝혀냈다. 한편 이것은 박테리아인 까닭에 면역 체계에도 침입하게 마련인데, 면역 체계는 몸속에 뭔가가 침입하면 감염으로 대응하기도 한다. 패스트푸드 실험에서는 이들 번성한 패스트푸드 박테리아가 감염과 인슐린 저항을 현저하게 상승시켰는데, 인슐린 저항성의 상승은 문명병의 핵심 지표가 됐다.

우리 몸에는 수천 종의 박테리아가 서식하며 모든 박테리아는 우리 건강에 직접적으로 영향을 미칠 잠재력을 가지고 있다. 우리는 박테리아에 대해 아는 바도 거의 없으면서 겁도 없이 다량의 항생제를 투여했고 우리 안의 생물군계를 격변의 파고 속으로 밀어 넣었다. 이 복잡한 시스템이 한번 교란되면 우리 몸속의 생물군계는 여지없이 교란된다. 하지만 현재 이를 복원시킬 방법은 알아내지 못하고 있는 실정이다.

한 세대 전에 초원에서 작업하던 과학자들이 상당히 유용한 유비 관계를 보여 주는 문제에 직면했다. 보존 생물학자 몇 명이 모여서 생태계를 손상되기 이전의 상태로 복원한다는 계획을 세운 거다. 당시에는 이것을 복원 생태학이라고 불렀다. 만약 인간을 하나의 생태계로 바라본다면, 인간의 건강과 행복은 이 생태계의 건강에 달려 있으며 몸속의 생물군계 역시 생태계 복원의 문제에 직면하게 될 것이다.

이 생물학자들이 직면한 문제를 가장 잘 보여 주는 예가 바로 초원 지대 복원 프로젝트이다. 예나 지금이나 대초원은 미국 중서부를 상징하는 이미지다. 생물학자들은 기계로 갈고 비료를 주고 농약을 살포하며 작물 수백 종을 경작해 온 거대한 농장을 바라보면서 그곳에 살아 숨쉬던 예전의 생태계를 복원할 방법을 모색했다.

그들은 먼저 그 초원에 서식했던 것으로 확인된 식물의 목록부터 작성했다. 목록에 있던 종자들을 구해서 키우기 시작했지만 많은 종이 생각처럼 잘 자라지 않았다. 초원은 복잡한 생태계여서 무작정 심고 키운다고 다 잘 자라는 것이 아니었다. 파종을 시도한 후에 그들은 파종된 모든 종이 초기 환경 의존도가 매우 높으며 해당 종들의 상호 작용이 상상을 초월할 정도로 복합적이라는 사실을 알 수 있었다. 오히려 생태계 복원에는 식물 종자가 아니라 불, 그것도 포효하듯 이글거리는 불길이 필요한 경우가 많았다. 조건만 맞아떨어지면 땅속에 잠들어 있던 휴면 종자들이 싹을 틔우고 꽃을 피웠다. 개중에는 몇 백 년을 휴면 상태로 있던 종자도 있었다.

우리 몸 안의 생태계를 복원하는 일도 이와 유사한 면이 있다. 아닌 게 아니라 유명 건강식품 회사들이 앞다투어 온갖 '유익균' 보조 식품을 광고한다. 하지만 이 제품들이 우리의 생태계, 즉 개개인의 미생물군집 환경 속에서 효과를 발휘할지에 대해서는 아직 증명된 바가 없다. 유익균을 먹는다고 해서 그것이 우리 몸 안에서 잘 살아남아 번성할지는 미지수고 초원 생태계 복원 프로젝트가 그랬듯 이것은 그저 종자만의 문제가 아닌 것이다. 다만 박테리아와 자가 면역 질환 문제뿐만 아니라 우리 심신의 복원에 관한 모든 것에 이르기까지, 이해하는 것 자체가 큰 공부라는 생각에는 변함이 없다. 우리 몸이 그토록 복잡 미묘하기 때문에 문명의 어설픈 땜질이 온갖 해악을 끼쳐도 때로는 용케 피해 가는 게 아니던가.

　진화는 두 가지 쟁점, 즉 식량과 종족 번식에 철저히 귀를
기울인다. 진화에서 하루하루 어떻게 살아남을 것이며, 세대
를 어떻게 이어갈 것인가 하는 문제보다 더 중요한 것은 없기
때문이다.

chapter 3

무엇을
먹을 것인가?

저는 올해 서른네 살이 된 메리-베스 스터츠만입니다. 제게 뭔가 문제가 있다고 처음 느낀 것은 스무 살쯤이었을 거예요. 저는 어려서부터 깡마른 아이였기 때문에 살찔 걱정을 해 본 적이 없었어요. 농장에서 자란 덕분에 늘 좋은 음식을 먹었고, 건강도 꽤 좋은 편이지요.

미시간 주립대학의 합격 통지서를 받고 입학할 날을 기다리고 있었는데, 심한 복통이 시작됐어요. 처음에는 위에 경련이 일어난 줄 알았죠. 같은 증상은 몇 주 동안 지속됐어요. 병원에 갔지만 원인을 알 수 없다면서 위궤양인 것 같다고 하더군요.

그 후로 밤잠을 설치기 시작했고, 얼굴에 흉한 여드름도 나기 시작했어요. 입학 후에는 불면증에 시달렸고요. 하지만 기숙사 생활을 하는 대학생이 불면증으로 고생하는 건 흔한 일이라서 대수롭지 않게 여겼습니다.

하지만 위에 또 다른 문제가 생겼어요. 뭘 먹어도 소화가 되지 않는 거예요. 뭔가를 먹기 시작하면 바로 기분이 나빠졌어요. 앞서 시작된 복통과는 다른 증상이었죠. 갑자기 몸이 불어난 느낌이 들어 아무것도 먹을 수 없었어요. 속이 더부룩하니까 먹은 걸 무작정 게워 냈어요. 하루 종일 먹은 음식물이 하나도 소화되지 않은 채 다 쏟아져 나오더군요. 이 증상은 대학을 졸업한 후에도 계속됐고요.

밤에 잠을 청하기가 너무 힘들어서 뜬눈으로 밤을 지샌 날도 많았어요. 잠을 못 자고 출근한 날은 하루 종일 독감을 앓는 환자처럼 지내야 했습니다. 잠들지 못하는 제 자신이 너무 안쓰러워 엉엉 운 날도 많았지요. 좋다는 민간요법은 다 써 봤고 용하다는 의사들도 전부 만나 봤지만, 사람들은 제가 그저 우울증이 심한 환자라고 여기는 눈치였어요. 저도 뭔가 해 봐야겠다 싶어서 명상을 시작했어요. 운동도 규칙적으로 했고요. 하루에 5, 6킬로미터를 달렸고 근력 운동을 해서 몸매는 그럭저럭 유지할 수 있었어요. 수면 클리닉에도 다녔는데, 수면무호흡증은 아니라고 하더군요. 그저 제 뇌가 태생적으로 활동을 쉬지 않도록 설계된 거라고 했어요.

그 뒤로도 뭔가 도움이 될까 싶어 수면제 여섯 종과 항우울제 한 종을 복용해 봤지만 아무것도 듣지 않았어요. 한 오 년 동안 반복된 치료를 받았을 거예요. 그러다가 양쪽 대퇴부에 활액낭염이 생긴 걸 알게 됐어요. 스물다섯 살에 관절염이라니, 이게 어디 가당하기나 한 일이에요?

임신했을 때 얘기를 해 볼게요. 임신 기간 내내 체중이 34킬로그램 가량 늘었는데, 저는 평생 2킬로그램 이상 쪄 본 적이 없는 사람이었어요. 산후 우울증도 겪었고, 위에도 다시 문제가 생겼죠. CT촬영을 했는데, 의사 말이 장이 부분부분 마비되기 시작했다는 거예요. 병원에서는 사흘간 유동식을 처방했고, 사흘 뒤부터는 으깬 감자 같은 연식을 했어요.

체중 감량은 정말 어려웠어요. 체력 단련 프로그램에 참여하고 쉴 새 없이 운동했지만 1킬로그램밖에 빠지지 않았죠. 인스턴트 음식에는 손도 대지 않았어요. 감자튀김은 평생 먹어 본 적이 없고, 탄산음료도 즐기지 않았죠. 매 끼니 도정하지 않은 곡물을 섭취했고 채소도 많이 먹었어요. 끼니 사이에는 신진대사에 도움이 되는 간식을 먹었고요. 운동도 열심히 해서 매일 한 시간씩 일주일에 닷새를 했는데, 몸무게가 전혀 빠지지 않더라고요.

아, 천식도 있었어요. 갑자기 천식이 생기는 바람에 흡입기를 들고 다녔죠. 활액낭염도 여전히 문제였고요.

이때까지도 모든 문제가 서로 연관되어 있다고 얘기해 주거나 식단을 살펴보라고 말해 주는 사람이 없었어요. 저는 제 병의 목록을 빼곡하게 메모해서 어릴 때부터 저를 봐 왔던 가족 주치의를 찾아갔어요. 그동안 많은 문제를 겪어 왔고 문제가 발생할 때마다 각각 다른 의사를 찾아갔지만, 전혀 차도가 없었다고 말했어요. 이렇게 늘 아프고 괴로운데 견디는 것밖에는 할 수 있는 일이 없는 것 같다고요.

주치의가 제 사진 두 장을 가져가서 보라고 했어요. 사진 속의 제가 같은 사람이지만, 실제로 얼굴은 더 커지고 변한 것 같지 않느냐고요. 나이를 먹으면서 얼굴이 변하는 건 당연한 일이지만 제 얼굴이 점점 길어지는 것 같다고요. 그러고는 묻더군요.

"치료 전문가는 만나 보신 거죠?"

진료실을 나간 주치의가 간호사와 MRI스케줄을 의논했어요. 문틈 사이로 간호사 말이 들리더군요.

"뭘 하시겠다고요? 하느님 맙소사, 저 여자가 가져온 목록을 다 읽어 보시기는 한 거예요? 두 페이지나 된다고요. 밤을 꼬박 새워야 할 판인데, 제가 그럴 시간이 어딨어요."

　제가 괜한 일로 호들갑을 떠나 싶더군요. 너무 답답해서 한동안은 그냥 손을 놓고 지냈어요. 하지만 아무리 쉬어도 쉬는 것 같지가 않았어요. 전신에 경련이 일어나 한밤중에 서너 번씩 깨고는 했죠. 그러다 몇 분 지나면 경련은 가라앉았어요. 문제는 정신이 말짱해져서 다시 잠들기가 어려웠다는 거예요. 하지만 너무 바빠서 이 문제로는 병원에 가 보지 않았어요. 잠이 부족했기 때문에 하루하루 겨우 버티며 살았죠. 뭔가 해 보려 해도 기운이 나질 않았어요. 그래도 운동이 마지막 버팀목이라는 생각으로 다녔어요.

　하루는 변기에 앉아서 장운동을 시도했지만 아무런 성과가 없었어요. 닷새 내내 말이에요. 당시 하루에 일곱 번씩 들락거린 화장실을 그다음 일주일은 한 번도 못 가곤 했어요. 제 몸에 다른 문제가 생기고 있는 게 틀림없었죠.

　다시 제 증상의 전문의를 찾아 예약을 잡았고, 애원하듯 말했어요.

　"선생님, 제발 좀 낫게 해 주세요. 저를 대상으로 임상 실험을 하든, 연구를 하든 맘대로 하세요. 이대로는 도저히 못 살겠어요."

　진료를 받는 도중에 편두통이 시작됐어요. 한 십 분쯤은 통증이 너무 심해서 말도 할 수 없었어요. 당황한 의사는 저를 진찰해 보더니 그냥 편두통이라고 하더군요. 결국 두통약을 처방받아서 집으로 돌아왔어요. 며칠 지나서 다시 편두통이 찾아왔어요. 딸을 태우고 운전하는 중이었는데 몇 초씩 간격을 두고 통증이 심해지는 거예요. 전에는 그렇게까지 진행이 빠르지 않았어요. 시내에서 가장 복잡한 사거리를 지나고 있는데 차를 세웠다가는 사고가 날 것 같아서 창문 밖으로 토악질을 하면서 달렸어요. 신호가 바뀌어서 차를 세우려는데 다시 속이 울렁거렸어요. 결국

차 안은 토사물로 범벅이 됐지요.

그날로부터 한 이틀은 상태가 그리 나쁘지 않았어요. 그러다가 크로스 컨트리 스키 여행을 가기로 했던 날 밤에 복통이 찾아왔는데, 말할 수 없을 정도로 아팠어요. 통증을 견딜 수가 없어 새벽 2시 무렵에 남편을 깨웠어요.

"아무래도 응급실에 가야 할 것 같아."

응급실에 도착해서 CT촬영을 하고 엑스레이를 찍는 중에 통증이 다시 찾아왔어요.

"환자 분은 지금 장 세 부분이 마비됐습니다."

의사가 세 군데를 정확하게 짚어 주더군요.

"결장이 전혀 기능을 못하고 있습니다. 원인은 잘 모르겠지만, 소장까지 대변으로 꽉 막혀 있어요. 샌드위치 하나만 들어가도 장이 파열됩니다. 당장 관장해야 합니다!"

엑스레이 사진을 보니, 결장이 얼마나 늘어난 건지 심장 바로 아래까지 올라와 있더군요. 그날 저녁 관장을 다섯 번 하고 나서야 장이 말끔해졌어요.

관장을 한 후, 삼 주 동안 미음과 노인들이 많이 마시는 엔슈어(환자용 영양식)로 연명했어요. 제 장이 감당할 수 있는 게 그런 음식들뿐이었지요. 사실 너무 아파서 진짜 음식이랄 만한 것들을 입에 넣어 넘길 엄두가 나지도 않았고요.

다른 위장병 전문의도 찾아가 봤는데 검사 결과는 비슷했어요. 그쪽에서는 제가 크론병에 걸렸다고 확신하고 모든 대화의 초점을 크론병에 맞추더군요. 소장과 대장 내시경을 했지만 진단의 근거를 찾아내지 못했어요. 병변도, 흉터도, 아무것도 없었어요. 내시경을 통해 나온 결과로는 심한 염증이 전부였는데, 그건 문제가 되지 않는다고 하더라고요.

제가 마취에서 깨어날 때쯤 의사가 들어와 들뜬 목소리로 말했어요.

"좋은 소식입니다. 크론병은 아니에요."

그 전까지 저는 거의 두 달 동안 엔슈어 말고는 아무것도 먹을 수가 없었어요. 하지만 크론병이 아니라는 말에 스무디도 먹었고 으깬 감자처럼 부드러운 음식과 국수, 쌀밥을 닥치는 대로 먹었어요. 한번은 아빠가 의사에게 정중하게 물었어요.

"얘가 아직도 제대로 된 음식을 못 먹고 있습니다."

"뭐, 굶고 계신 건 아니네요. 먹고 탈이 나지 않는다면 괜찮은 겁니다. 따님께선 계속 그렇게 하셔야 합니다."

의사의 심드렁한 말투에 아빠가 당황하여 다시 물었어요.

"아니, 지금 이해를 잘 못하시는 것 같은데, 얘가 보통 음식을 감당하지 못한다니까요. 그런걸 먹으면 아프다고요."

그러자 의사는 으깬 감자가 든 제 접시를 보고 나서 다시 대답했어요.

"글쎄요, 감자를 먹을 수 있으면 감자만 먹으면 되겠네요."

어느 아침에는 눈을 떴는데 온몸이 덜덜 떨리는 거예요. 뭐라도 먹어야 하는 상태였죠. 그래서 냉장고 밀폐 용기에 담아 둔 닭 요리를 꺼내고서는 부엌 바닥에 주저앉았어요. 움직일 힘조차 없었거든요. 그게 딸아이와 저의 아침 식사였어요. 우리는 닭고기 한 조각을 손으로 집어서 그자리에서 나눠 먹었어요. 그러고는 그대로 주저앉아 음식이 소화되기를 기다렸죠. 내가 먹을 건 고사하고, 딸한테 제대로 된 아침 식사 한 끼 차려 주지 못하는 엄마라니……

그날의 절망감은 이루 말할 수 없었어요. 저는 제 몸의 시스템이 꺼지기 시작했구나, 생각했어요.

아밀라고스 박사의 발견

메리-베스 스터츠만은 수렵 채집 사회에 관한 자료를 찾던 중에 만난 연구 대상자다. 과연, 메리-베스 스터츠만의 시스템은 꺼지고 있었던 걸까?

그 근본적인 문제점을 알아내기 위해 우리는 아밀라고스 박사를 먼저 만나 봐야 할 것 같다.

거동이 편치 않은 몸으로 마지막 순간까지 강단에 선 아밀라고스 박사 (1936~2014)는 우리가 지금 다루는 이 주제에 천착하여 일가를 이룬 학자다. 현재 활발하게 진행되고 있는 현대인의 식생활 담론은 1970년대에 출발했다. 당시는 문명이 인류의 축복이라는 논지에 누구도 감히 반기를 들지 못하던 시기였고, 아밀라고스 박사 역시 문명이 축복이라고 여겼다.

아밀라고스 박사는 인류학자로 알려졌지만 원래는 미시간 주립대학 의과에 진학했다가 진로를 변경했다. 1950년대 디트로이트 태생의 그리스계 청년에게는 탄탄대로가 보장되었을 전공을 포기한 셈이었다. 그리고 의학 전공을 특기 삼아 그의 주된 관심사였던 뼈와 일생을 함께했다. 인류학과 동료들이 북아메리카 고분에서 나온 유골의 머리 각도와 다리를 감은 형태 등 매장 풍습에 관련한 흥미로운 문제를 연구하고 있는데 그의 의대 경력은 유골 분석 작업에 직접적인 도움이 됐다. 그리고 아밀라고스 박사는 뼈가 건강과 삶의 질에 관련된 문제들을 밝히는 데 중요한 단서가 될 수 있다고 여겼다.

1970년대 후반에 아밀라고스 박사는 일리노이 주 스푼강 일대에 거주했던 한 아메리카 원주민 부족의 유적지 '딕슨 마운드'에 주목했다. 딕슨 마운드는 그 자체만으로 문화적 이행기라 할 수 있는 1500년대를 증명하는 유적이다. 농경 전환기라는 중대 사건을 맞이하던 그 당시, 딕슨 마운드는 콜럼버스의 신대륙 발견 이전 시대 북아메리카(멕시코 북동부에서 온타리오 주)의 주식이었던 옥수수와 콩을 재배하던 문화 기록이라고 할 수 있는 곳이다. 딕슨 마운드에는 이 지역에 거주했던 사람들의 유골이 보존되어 있으며, 그 인근에서는 농경 이전 원시 사회 사람들의 유골도 발견됐다. 아밀라고스 박사를 비롯한 당시 연구자들의 가설에 따르면, 북아메리카를 시작으로 전 세계 인구가 급증하면서 수렵으로 짐승이 대량 살육되어 먹잇감이 부족해지자 극심한 기근을 낳았다. 그러나 기근은 농경을 개척, 발달시키면서 식량이 풍부해졌고 이에 인류는 다시 건강해졌다는 것이다. 실제로 이 가설은 딕슨 마운드에서 발굴한 유골 분석을 통해 충분히 입증되었다.

아밀라고스 박사는 먼저 감염 질환을 조사하면서 감염 질환이야말로 문명의 부정적 효과가 되었다고 예상했다. 사람들이 가까이 모여 살수록 감염률은 높아지는데, 과학은 이러한 현상조차 문명을 누리기 위해 인류가 치러야 할 비용으로 인식한 것이다.

"감염 질환이 많아졌을 거라고 예상은 했지만 영양실조가 증가했으리라고는 생각하지 못했습니다. 정말이지, 우리의 예상을 뒤엎는 결과였습니다."

아밀라고스 박사가 말한 근거는 명백했다. 농경인들은 앞선 시대의 수렵인들보다 영양 공급이 충분하지 못했고, 기형도 많았으며 신장은 훨씬 더 작았다.

어쩌면 딕슨 마운드는 극단적인 사례에 가까운지도 모른다. 초창기 이 지역의 농경인들에게는 옥수수밖에 없었을 것이고, 이후 콩이 도입되고 나서야 어느 정도 영양의 균형을 도모할 수 있었을 테니까 말이다. 하지만 아밀라고스 박사의 연구 이후로 많은 지역을 대상으로 유사한 연구들이 진행됐는데, 전 세계의 다른 농경 유적지에서도 딕슨 마운드와 유사한 양상 — 많은 유적지들 전반의 기록은 문명이 축복만은 아니었음 — 이 드러났다. 문명의 도래로 인류는 건강상 크나큰 비용을 치렀으며 초기에 그 비용이란 것은 대개 빈약한 영양과 직결되어 농경이 영양실조를 불러온 셈이다.

1970년대 말부터 연구 결과를 발표하기 시작한 아밀라고스 박사는 두 권의 저서를 남겼는데, 그중 하나가 『농경 초기의 고병리학 Paleopathology at the Origins of Agriculture』인데 『구석기식 처방 The Paleolithic Prescription』이란 책에 인용되면서 유명세를 탔다. 탄수화물, 특히나 농경이 가져다준 정제 탄수화물을 피해야 한다는 『구석기식 처방』의 주장은 일종의 운동처럼 확산됐고 신봉자에 맹신자 무리까지 양산해 냈다.

아밀라고스 박사는 이 모든 현상을 당혹스럽게 받아들이며 자신의 논문에서 다음과 같이 언급했다.

"이 분야의 연구는 과학적 방법론을 엄격하게 준수했으며 선사 시대 식단의 다양성과 변천 과정, 장점과 부작용을 밝혀내는 데 지대한 영향을 끼쳤다. 학술 연구를 토대로 많은 대중서들이 쏟아져 나오고 있지만, 그 서적들이 과학적 타당성이 떨어지는 주장들을 담고 있어 안타깝다."

그렇다면 아밀라고스 박사는 어떤 식단을 권했을까? 그의 처방은 생각보다 간단해서 두 가지 핵심 답안으로 요약된다.

1. 탄수화물을 적게 섭취하는 것
2. 식단의 다양성

탄수화물

우리를 괴롭히는 질병들, 건강에 부담을 주어 우리를 조기 사망과 신경 쇠약에 이르게 하는 주된 원인들을 목록으로 작성하면 뒤엉킨 실타래처럼 복잡할 것이다. 그러나 이것이 문명병의 목록이고 문명의 시작인 곡물 농사가 우리 식단을 지배한 결과가 문명병이라는 사실을 기억한다면 한칼에 시원하게 풀릴 고르디우스의 매듭이 될 것이다. 하지만 고르디우스의 매듭보다 더 적절한 이름이 있다. '대사증후군'이다. 대사증후군은 제2형 당뇨병, 심장병, 비만 등이 동시다발적으로 나타나는 현상을 뜻하는 의학 용어로 대부분 포도당과 관련이 있다.

시중에 나와 있는 각종 식이요법 서적들을 들춰 보면 이 문제가 상당 부분 미해결 상태라고 오해하기 십상이다. 유골을 수집하고 DNA를 추출하는 등의 엄밀한 과학적 방법론을 동원해도 100퍼센트 반박할 수 없었다. 이런 혼란이 야기된 데에는 우리 조상을 건강하게 만들어 준 식단이 무엇인가를 연구하는 과정에서 진화 영양학상 상당히 흥미로운 변화, 요컨대 문화적 편견과 상상력이 혼재하기 때문이다. 그리고 이러한 혼란과 불일치에 더 큰 영향을 미치는 요인은 다름 아닌 다이어트다. 다이어트도 대사증후군 진행에 있어 적잖은 관련이 있는 데다 현대를 살아가는 사람들에게 다이어트만큼 달콤한 유혹이 없기 때문이다. 그러니 베스트셀러가 되기 위해 서로들 자기가 제시하는 처방이 앞서 나온 처방들과 다르다고 주장하지 않겠는가.

우리가 생각하는 바람직한 접근법은 기본으로 돌아가 공통 기반에서 시작하자는 것이다. 공통 기반이란, 우리 조상들이 고탄수화물이 포함되지 않는 식단으로도 이백만 년 동안 아주 잘 살아왔다는 명백한 사실이다. 그들이 저탄수화물 식단에 의지했던 이유는 아주 단순하다. 그들이 살던 시기에는 고탄수화물이 존재하지 않았기 때문이다. 고탄수화물 음식이 오늘날 인류가 섭취하는 모든 영양소의 약 80퍼센트를 차지하고 있다면, 이 혁명의 의미가 어느 정도일지 짐작할 수 있다. 중요한 것은 높은 탄수화물 섭취량은 높은 발병률이란 결과를 낳는다는 거다.

탄수화물은 끝이 없을 정도로 세분화될 수 있지만, 가장 크게는 단당과 복합당으로 분류할 수 있다. 복합당은 흔히 전분이라 부르는 아주 복잡한 분자 구조로 이루어진 성분으로 인류의 주요 농작물인 옥수수와 쌀과 밀을 비롯한 곡류와 감자에 들어 있다. 과일과 채소에도 들어 있지만 그 양은 곡류에 비해 훨씬 적고 밀도도 낮다. 곡물과 감자에 함유된 전분과 시금치에 함유된 전분의 차이는 90도짜리 럼주 한 잔과 맥주의 차이라고 보면 된다.

그렇다면 단당이란 무엇인가? 설탕이다. 우리가 복합당과 단당을 먹으면 소화 과정에서 복합당은 단순하게, 단당은 더 단순하게 분해된다. 탄수화물의 소화는 전분의 더 크고 복잡한 분자들을 당 분자로 분해하는 과정인데, 가장 간단하고 기초적인 소화는 입에서 시작된다. 그 과정이 얼마나 간단한지 전분 중에는 목구멍으로 들어가기도 전에 입에 넣기만만 해도 타액에 의해 당 분자로 분해될 수 있다. 그 과정을 일일이 나열하면 긴 목록이 되겠지만, 궁극적으로 몸에 흡수되는 최소 단위는 과당과 포도당, 두 종류다. 예컨대 우리가 일상에서 쓰는 정백당이나 자당(사탕수수에서 추출한 설탕)은 포도당 하나와 과당 하나가 결합한 이당류다. 과당은 과일 속에 들어 있는 단당류라서 붙은 이름이다.

우리 시대의 주된 가공식품도 알고 보면 이 분해 과정을 그대로 차용한다. 옥수수 전분을 분해하면서 일부 포도당을 과당으로 변환시켜 고과당 옥수수 시럽으로 만드는 것이다. 고과당 옥수수 시럽도 자당과 마찬가지로 포도당과 과당이 결합된 것이다. 이때 과당이 55퍼센트를 차지하는데, 업자들이 '고과당'이라고 부르는 기준이 바로 55퍼센트다. 혹여 자당이 고과당 옥수수 시럽보다 이롭다는 이야기가 나온다면 과당 50퍼센트와 55퍼센트를 놓고 떠드는 것임을 기억하기 바란다.

포도당의 비밀

인체의 소화 작용이든 공장의 가공 과정이든 이 전체 과정이 마지막으로 수렴되는 지점이 바로 포도당이다. 포도당은 인간 몸의 근육과 뇌가 활동하는 데 필요한 연료로, 특히나 당분 과잉인 오늘날에는 주요 에너지원으로 군림하고 있다.

우리가 포도당으로 섭취하는 포도당은 곧장 혈액으로 들어가 곧바로 에너지원으로 사용된다. 과당은 소장으로 들어가 한두 시간이면 효소에 의해 포도당으로 분해되어 혈액으로 흡수된다. 그러나 이 모든 과정에 한 가지 숨겨진 비밀이 있다. 무척이나 이상하게 들리겠지만 포도당이 '유독有毒'하다는 사실이다.

인간의 몸은 포도당을 독소로 받아들인다. 우리는 그동안 각종 질병의 원인이 되는 독소를 규명하면서 인체에 치명적인 산업용 화학 물질이나 살충제 따위의 오염 물질에 주목해 왔다. 물론 이 물질들도 우리를 죽음으로 몰아넣는 범인일 수 있지만, 일상생활에서 자신도 모르는 새에 독소(포도당)에 중독될 수도 있다는 사실이다.

인류 문명이 의존하고 있는 이 물질, 포도당을 비난하기란 쉬운 일이 아니다. 다만 곡물 재배의 결과로 인간이 탄수화물을 먹는 '당식 동물carbovore'이 됐다는 것 역시 사실이다. 인간의 몸에 흐르는 혈액의 생존 여부가 독소로 취급하는 물질에 달려 있다는 것, 이것이 당식 동물의 딜레마인 셈이다.

탄수화물은 결코 새로운 음식은 아니었다. 수렵 채집인들도 내내 탄수화물을 먹었다. 뿐만 아니라 재배 감자의 전신인 덩이줄기 식물이나 재배 곡류의 전신인 야생의 볏과 식물들은 탄수화물 함량도 상당히 높은 편이었다. 더구나 우리는 서문을 통해 인간의 대표적인 특징이 적응력임을 얘기하지 않았던가? 우리 몸에는 새로운 환경, 변화한 외부 조건에 기민하게 적응함으로써 시스템의 균형을 찾는, 이른바 항상성이 작동한다고 말이다. 그러니 탄수화물이 더 들어 있는 음식을 먹는 것이 뭐 그리 대수란 말인가? 몇 백만 년 동안 인류만이 아니라 동물계 전체가 섭취해 온 기본 식량을 독성 물질이라고 정의한 인간이다. 우리 몸이 그냥 적응해서 바로 항상성으로 돌아가면 안 되는가?

답을 하자면, 맞다. 우리 몸이 이미 그렇게 하고 있다.

포도당은 아주 특수한 독소로 혈액 속에 다량 포진해 있는 독성 물질이다. 탄수화물을 극도로 탐닉하는 사람들이 혈당치로 그토록 유난을 떠는 건 혈당을 일정하게 조절하는 과정에서 극심한 기복이 나타나고, 이것이 균형을 잡는 과정이기 때문이다.(인슐린은 체내에 들어온 독성을 조절하는 데 중요한 역할을 담당한다.)

우리 몸은 인슐린 호르몬에 의해 조절된 일련의 반응을 통해 이 균형잡기를 수행한다. 혈액에 들어온 포도당은 제1형 당뇨병 환자를 제외한 모든 사람의 몸에서 즉각적으로 췌장을 자극해 인슐린이 분비되고, 분비된 인슐린은 몸에 신호를 보낸다. 그리고 이 모든 과정의 궁극적 목표는 되도록 빨리 혈액에서 포도당을 제거하는 것이다. 포도당은 즉각적인 조치가 필요한 이른바 3급 경보 화재인데, 그 때문에 우리 뇌가 혈당 상승에 그토록 촉각을 곤두세우는 것이다.

혈중 포도당 농도를 낮추기 위해서 우리 몸이 할 수 있는 일은 둘 중 하나다. 최선의 조치는 포도당을 근육과 기관으로 내보내는 것이다. 그러고 나서 근육 활동을 위해 언제든지 연소될 준비를 하고 있는 연료, 즉 글리코겐이라는 파생물로 전환된다. 문제는 근육 섬유에는 매우 한정된 양의 글리코겐만 저장되는데, 대략 마라톤 주자가 한 시간 정도 달리면 고갈되는 양으로 당분 45그램의 글리코겐 함량이 그 정도에 해당된다. 게다가 마라톤 주자가 아닌 보통 사람이라면 이 저장 공간이 거의 항상 꽉 차 있는데 이때 인체는 곧장 제2의 대안으로 돌아선다. 포도당을 지방으로 전환하여 성별에 따라 위나 엉덩이 또는 허벅지 등에 저장하는 것이다. 물론 성별에 따라 지방 저장 과정에서 분비되는 호르몬이 다르며, 인슐린과 상호 작용하는 체내 부위도 사람마다 다르다.

지방으로 전환되는 과정에서 한 가지 문제가 발생할 수 있다. 이 또한 우리 몸이 혈액 속 포도당을 독소로 인식하여 이를 제거하는 것과 관련이 있다. 근육이 움직이면 글리코겐이 연소되면서 지방이 함께 연소되고 우리가 먹은 것과 몸에 저장된 것이 한꺼번에 사라질 수 있다. 말하자면 지방은 포도당으로 다시 전환되지 않고 그 자체로 근육의 연료가 된다는 것이다. 탄수화물이 에너지원이라는 사실에 비해 덜 알려져 있기는 하나 지방도 에너지원이다. 특히나 지구력 운동을 하는 사람들에게는 탄수화물만큼 지방도 중요한 에너지원으로 쓰인다.

다시 인슐린으로 돌아가 보자. 인슐린은 호르몬이며 따라서 다양한 신호를 보낸다는 점을 기억하기 바란다. 이 신호들 전부가 혈액에서 포도당을 제거하는 일과 관련되어 있다. 그중에서 가장 분명한 신호가 지방 연소를 중단하고 포도당을 먼저 연소시키라는 명령이다. 이 신호는 체내에 저장된 지방을 이동시키지 말라는 명령과 동시에 발생한다. 그만큼 혈액에서 포도당을 없애는 것이 급선무라는 얘기다.

탄수화물도 진화 과정에서 설정된 적정량만 섭취한다면 아무 문제가 없다. 적량을 다양한 음식과 함께 섭취한다면 말이다. 우리 몸의 시스템은 항상성을 회복하도록 설계되어 있어 혈액 내 포도당 농도를 유익한 수준으로 유지한다. 뿐만 아니라 독성 수준으로 상승했을 때는 혈액에서 내보내도록 하는 규제 기관이 내장되어 있다. 다만 이 시스템이 무너질 때, 그러니까 우리 몸이 수용할 수 있는 것보다 훨씬 더 많은 양을 직접적인 방식으로 섭취할 때 문제가 발생한다.

섭취량만큼이나 중요한 것이 바로 섭취 방식이다. 인류가 진화하는 동안 정제되지 않은 탄수화물을 다양한 음식으로 섭취해 왔다. 따라서 소화하는 데 시간이 걸렸고 포도당 분해와 흡수 과정은 하루에 걸쳐 천천히 소량씩 이뤄졌다. 하지만 오늘날에는 탄수화물이 단순한 형태로 섭취되며 그 대부분이 포도당 형태를 띤다. 심지어는 음식물이 아니라 물에 녹인 액상으로 섭취되는 경우도 많은데, 이는 소화기 계통의 평준화 효과를 완전히 우회하는 방식이다. 무엇보다 최악인 건 액상 과당인데, 전 세계 아동 비만 문제에서 청량 음료가 크게 부각되는 것도 바로 이 액상 과당 때문이다. 이 문제는 사회적으로 용인된 액상 과당 음료라 할 수 있는 과일 주스의 경우에도 마찬가지다. 건강 식품점에서 순수 유기농 과일을 갈아 만든 탄산 과일 주스 역시 포도당 문제만 놓고 볼 때는 콜라 못지않게 해롭다. 모든 걸 떠나서 단 하나의 원칙만 지켜야겠다고 한다면 어떤 형태를 불문하고 설탕물을 마시지 마라. 콜라는 물론이거니와 순수 유기농 과일 주스도 금물이다.

우리가 아침 출근길에 스타벅스에서 사 먹는 베이글 같은 음식은 단당이 아닌 복합당이어서 그나마 덜하지만, '인슐린 저항' 상태인 슈거 크래시를 유발할 수도 있다. 뚜렷한 증상을 보이지 않아 몸이 보내는 신호를 계속 넘겨 버리다가는 대사증후군이라는 총체적 위기를 맞이하게 되는 것이다. 대사증후군은 고르디우스의 매듭처럼 비만과 심장질환, 고혈압, 제2형 당뇨병, 뇌졸중 같은 질환들이 동시다발적으로 나타나는 고약한 현상이다. 최근 새로이 떠오르는 논쟁의 핵심은 당이 독성 물질이며 우리를 괴롭히는 질환들의 주범이라는 것이다. 하지만 탄수화물도 책임이 있다. 탄수화물이 분해되어 당이 되기 때문이다.

이 주장은 특히 사회적 발언을 아끼지 않는 영양학자들 사이에서 쟁점이 되고 있는데, 여기에는 과학 그 자체보다는 과학의 사회적 영향력과 관련된 한 가지 문제가 작용한다. 우리는 학자들이 사적인 자리에서는 지방이 별 문제가 없다고 해 놓고 공적인 자리에서는 문제라고 이야기하는 것을 봐 왔다. 오십 년 묵은 메시지를 폐기한다는 것이 내키지 않는다는 이유로 말이다. 더불어 새로운 주장이 대중에게 혼란을 줄 수 있다고도 말한다. 하지만 학자들의 이기심으로 세상에는 이미 혼란스러운 정보가 유통되고 큰돈이 걸려 있는 식품 산업과 기업농의 정치학까지 가세하여 더 큰 혼란이 빚어지고 있다. 문제는 우리가 살찌는 게 지방을 과다 섭취하기 때문이라는 주장이 정설처럼 받아들여져 살이 찌는 진짜 이유가 당과 복합당의 과다 섭취라는 주장이 잘 먹히지 않는다는 데 있다.

콜레스테롤의 두 얼굴

대사증후군의 원인으로 지방을 지목한 것은 그리 오래전 일이 아니다. 비만에 대한 과학적 연구가 시작된 것은 두 세기도 전의 일이지만, 지방에 주목하기 시작한 것은 불과 오십 년이 채 되지 않았다. 이 주장의 출발점으로는 앤설 키즈 박사와 드와이트 아이젠하워를 꼽을 수 있다. 2차 세계 대전 기간 동안 앤설 키즈 박사(1904~2004)는 기아의 영향에 관한 다양한 연구로 명성을 얻었다. 하지만 그를 더 유명하게 만들어 준 것은 지방, 구체적으로는 콜레스테롤 연구다. 현대인들이 자신의 콜레스테롤 수치를 숙지하고 살아가게 된 것은 바로 앤설 키즈 박사의 업적 덕분이다.

한편 드와이트 아이젠하워는 대통령 임기 중에 겪은 심장 발작 덕분에 이 문제에 기여할 수 있었다. 지금과 마찬가지로 심장 발작이 생명과 직결되는 문제라 이 뉴스에 전 미국 국민의 관심이 한데로 쏠렸다. 드와이트 아이젠하워는 담배를 하루 네 갑씩 피우던 습관을 고친 지 한참 지났음에도 콜레스테롤 수치는 여전히 높았다. 당시 앤설 키즈 박사는 보건 담당 공무원들을 상대로 콜레스테롤의 해악을 설파하고 다니던 시절이었다.

과학 저술가이자 역사가인 개리 토브스는 흥미로운 이 사례를 상세하게 서술했다. 그의 저서 『굿 칼로리 배드 칼로리(도도출판사)』는 제목만 보면 다이어트 책 같지만 콜레스테롤과 지방, 탄수화물에 관한 중요한 사실들을 총망라해 놓은 방대한 저작이다. 이 책의 주장을 가장 잘 요약해 주는 것은 토브스가 동료들에게 즐겨 던졌던 이 오래된 농담일 것이다.

한 사내가 어느 날 밤길을 걷는데, 취객이 가로등 아래 엎드려서 뭔가를 찾고 있었다.

"뭘 찾으십니까?"

"자동차 키를 잃어버렸습니다."

"제가 도와드리지요. 여기에 떨어뜨린 건 확실합니까?"

"아뇨, 떨어지긴 저쪽 어딘가에 떨어뜨린 것 같은데……. 하지만 여기 조명
이 밝잖아요."

그는 이 이야기를 통해 비만의 주범은 탄수화물인데 지방만 주목하는
세태를 꼬집었다.

콜레스테롤 연구가 오랜 기간 동안 집중 조명을 받은 것은 콜레스테롤
은 측정하기 쉽다는 사실 때문이었다. 콜레스테롤은 인간의 생명 활동에
중추가 되는 수백 가지 유기 화합물 중의 하나일 뿐인데, 어찌 된 일인지
사람들은 이 물질 하나면 심혈관질환에 관한 모든 것을 알 수 있다고 믿
는다.

이쯤에서 꼭 짚고 넘어가야 할 게 있다. 콜레스테롤은 지방이며, 그것
도 필수지방산이라는 것이다. 그만큼 우리 몸의 모든 세포에 이 물질이
필요하다는 뜻이다. 하지만 우리가 일반적으로 말하는 콜레스테롤은 지
질단백질로 혈류를 통해 지방과 단백질을 운반하는 역할을 맡는 특수한
분자 구조의 생화학 물질이다. 지질단백질은 여러 가지 물질로 이뤄지는
데, 콜레스테롤은 각 지질단백질 안에 함유되어 운반된다. 그리고 콜레
스테롤 자체는 측정할 뚜렷한 방법이 없어 지질단백질을 측정하는데 이
때문에 콜레스테롤에 대한 사람들의 인식이 달라진 것이다.

지질단백질은 저밀도 지질단백질 LDL, low-density lipoprotein 과 고밀도 지
질단백질 HDL, high-density lipoprotein, 이른바 '나쁜 콜레스테롤'과 '좋은 콜

레스테롤'로 분류할 수 있다. 지질 지표를 파악할 때 가장 중요하게 고려하는 성분이 LDL과 HDL, 중성 지방인데, 사람들의 관심은 주로 '나쁜 콜레스테롤'이라고 불리는 LDL에 쏠린다.

LDL은 크기에 따라 두 구조로 나눌 수 있고 아주 작은 것만이 해로운 것으로 알려져 있다. 의사는 지질 지표를 보고 평생 복용이 필요한 스타틴계 약제를 처방할 수 있는데, 이 약물은 근경련이 평생 지속되는 부작용을 일으킬 수 있는 것으로 알려져 있다. 심혈관질환과 관련된 것은 LDL 가운데 한 유형뿐이라는 근거가 나와 있기는 하지만, 이 지표만으로는 어느 유형의 비중이 우세한지 알 수 없다. 더군다나 20세기 초, 콜레스테롤이 처음 발견된 이래로 LDL이 두 유형의 성분으로 이뤄졌다는 사실과 각 성분의 상대적 중요성이 알려졌는데도 대부분은 이 구분을 무시하고 있다.

뿐만 아니라 심혈관질환을 예측하려면 중성 지방 수치를 보는 것이 더 정확하다는 증거가 많다. 이 수치는 지방이 아니라 당 섭취량이 많아질 때 증가하는데 지질 지표에서 중성 지방 수치가 높고 HDL수치가 낮을 때는 나쁜 유형의 LDL수치가 높다는 뜻이 된다. 높은 콜레스테롤 수치도 아니고, 높은 LDL수치도 아닌 이 지표가 심혈관질환과 훨씬 더 강한 연관성을 보여 준다.

그만큼 잘못된 정보와 통념이 이 문제를 겹겹이 감싸고 있다. 가령 콜레스테롤 함량이 높은 음식을 먹으면 혈중 콜레스테롤 농도가 상승한다고 알려져 있다. 단순하게 보면 충분히 그럴 듯한 가정이지만, 이는 아주 잘못된 생각이다. 토브스는 다년간의 조사 끝에 다음과 같은 결론을 내렸다.

"음식으로 섭취하는 콜레스테롤이 혈중 콜레스테롤에 미치는 영향은 미미하다. 민감도가 아주 높은 개인의 경우에는 농도가 극소량 상승할 수도 있지만, 대다수 사람들에게는 임상적으로 무의미한 수준이다."

트랜스 지방

반면에 고탄수화물 식단은 높은 중성 지방 수치와 낮은 HDL, 그리고 문제의 위험 지표인 유해 LDL성분과 강한 연관성을 보인다. 이런 사실들은 결코 최근에 밝혀진 것이 아니다. 앤설 키즈 박사가 캠페인을 시작하기 전에도 그의 견해와 모순되는 증거는 많이 나와 있었다. 한 세대에 걸친 모든 영양학 연구가 앤설 키즈 박사의 그 유명한 논문, 「7개국 연구 *Seven Countries Study*」를 전제로 이뤄졌는데, 그는 자신의 논문이 지방 섭취와 심혈관질환에 상관관계가 있다는 가설을 증명했다고 믿었다. 문제는 앤설 키즈 박사가 22개국의 데이터를 분석하면서 의도적으로 자신의 가설에 들어맞는 7개국만 선택하고 맞지 않는 나머지 국가들은 배제했다는 데 있다.

그와 함께 지방과 콜레스테롤에 대한 그릇된 인식의 화살이 달걀과 버터처럼 콜레스테롤 함량이 높은 음식을 향하면서 에그비터나 마가린 같은 가공식품을 먹는 것이 유익하다는 주장이 대두되었다. 이 얼마나 모순된 주장인가. 다시 지방에 관한 논의가 복잡하게 변모하는 과정을 살펴보자. 방금 언급한 대용 식품들에는 공통적으로 한 가지 유형의 지방이 들어간다. 그것은 우리가 진화 과정에서 경험한 적 없는 가공 물질 '트랜스 지방'이다. 트랜스 지방은 '트랜스 이성질체 지방산trans-isomer fatty acid'이란 전문적 화학명을 잘라서 만든 이름이다. '불포화 지방'이라는 이름도 있지만, 단순하게 자연에는 존재하지 않는 물질이라고 생각하면 된다. 트랜스 지방은 우리 몸에 해로운 지방이며 당과 더불어 식품 산업을 떠받치는 기반이라 할 수 있다.

해악의 시작은 크리스코crisco였다. P&G는 1911년 수소 첨가 공정, 즉 액상 기름을 고체 지방으로 변환시키는 공정을 이용해 '라드 대체제'라는 명목으로 크리스코를 개발, 출시했다. 이후로 같은 공정을 이용한 지방 대체품이 줄줄이 선을 보였는데 전부가 식물성 기름, 특히 옥수수와 콩을 처리해서 만든 기름을 사용한 것이었다. 크리스코는 당시 농장에서 폐기 처분해야 할 작물을 신속하게 시장성 있는 상품으로 전환할 방안을 찾았고, 핵심은 마케팅이었다. 초창기의 쇼트닝과 마가린 광고는 오늘날 요란하게 호들갑을 떨어 냉소를 자아내는 가공식품 업계 광고 스타일의 원형이고, 패스트푸드의 뿌리가 됐다.

트랜스 지방의 문제점은 수소 첨가 공정에서 만들어지는 지방산 분자들이 인간의 소화기 계통은 접해 본 적 없는 물질이라는 사실이다. 우리 몸은 보통 외부에서 이물질이 들어오면 즉각적으로 면역 반응을 일으키는데 그중 하나가 감염이다. 감염은 콜레스테롤 못지않게 동맥경화증과 심혈관질환을 일으키는 원인이 된다. 다시 말해 한때 심장의 건강을 걱정하는 사람들을 위한 버터 대용품으로 인기를 누렸던 마가린이 심혈관질환과 필연적인 연관 관계가 있다는 얘기다. 영양학자들은 1950년대에 접어들면서 이 연관성을 고려하기 시작했다. 역학疫學 연구자들은 현재 트랜스 지방 소비가 2퍼센트 상승할 때마다 심혈관질환 집단의 위험률이 23퍼센트 상승한다고 추산한다. 미국국립과학아카데미는 '안전한 트랜스 지방 함유율'은 없다고 말한다. 건강한 몸을 위해서는 함유율이 '0'이어야 한다는 얘기다.

트랜스 지방은 우리 시대의 가장 중대한 문명병 가운데 하나인 심혈관 질환의 핵심을 꿰뚫는 인자다. 게다가 2011년의 한 연구에서 트랜스 지방 섭취가 우울증의 위험을 높인다는 사실이 밝혀지면서, 현재 전 세계적으로 심각한 문제로 급부상하고 있는 우울증 역시 문명병의 일종으로 간주하고 있다.

필수지방산의 역할

비만 공포증이 발동한다면 사람들은 트랜스 지방을 페스트처럼 기피하게 될 것이다. 그런데 안타깝게도 앤설 키즈 박사가 전한 지방에 대한 잘못된 조언으로 인해 건강에 매우 유익한 음식까지도 오명을 뒤집어쓰게 되었다. 이는 반드시 바로잡혀야 하는데 오메가3 지방산이 그 대표적인 경우라 할 수 있다. 건강에 관심이 있는 사람이라면 다음의 건강 조언을 익히 들어 봤을 것이다.

> 1단계, 지방을 피하라.
> 2단계, 오메가3를 충분히 섭취하라.

자, 비만 공포증에 시달리는 사람이 이 조언을 곧이곧대로 실천할 수 있을까?

오메가3는 지방 중에서도 우리 식생활에서 치명적으로 부족한 지방이다. 오메가3의 부족은 우울증이 만연하게 된 원인일 뿐만 아니라 높은 콜레스테롤 수치와 심혈관질환, 염증, 그리고 뇌 발달 저해의 원인으로도 볼 수 있을 것이다. 그 중요도가 어느 정도인지는 오메가3 지방산이 필수지방산이라는 사실만으로도 쉽게 알 수 있다. '필수'라는 이름이 붙은 것은 말 그대로 이것이 없으면 생존할 수 없기 때문이다.

오메가3 지방산은 다양한 음식에서 얻을 수 있지만, 가장 풍부한 곳은 방목으로 키운 가축에서 얻은 육류와 한류성 어류다. 채식하는 사람들은 호두나 아마 같은 몇몇 식물성 기름에서도 오메가3 지방산을 얻을 수 있다.

오메가3와 비슷한 것이 오메가6인데 마찬가지로 육류에 풍부하며, 이것 역시 필수지방산이다.(최근 언론에서는 부정적인 면을 부각하지만.) 다만 중요한 것은 균형인데, 이 또한 농업의 산업적 시스템에서 비롯된 문제 중의 하나다. 소는 풀을 먹도록 진화했지만 대부분의 농가에서는 소에게 더 이상 꼴을 먹이지 않고 현행 기업농 시스템의 주요 작물인 옥수수와 콩을 먹인다. 소고기에서 오메가6 지방산의 함량이 늘어나고 오메가3의 함량이 줄어들었다. 비육장에서 소를 살찌우는 관행과 패스트푸드 업계에서 어마어마하게 사용하는 사육장 소고기가 우리 몸을 오메가3 결핍 상태로 만드는 것이다. 이로써 적색육을 먹는 것 자체가 비난을 받게 되었으며, 수많은 연구가 갖가지 질병을 적색육과 연관시키는 이유다. 이러한 결론의 근거가 되는 소고기가 사육장 소고기라니 어찌 보면 놀라울 것도 없는 일이지만.

그럼에도 이 문제는 목초를 먹인 소고기를 먹으면 간단히 해결될 일이며, 대중의 인식과 수요가 높아진 덕분에 지금은 목초를 먹여 기른 소고기를 널리 구할 수 있다. 소고기 외에도 자연산 어류와 방목 사육 달걀, 호두를 먹어도 된다. 이것이야말로 오랜 세월 누적된 지방에 대한 잘못된 인식을 바로잡을 수 있는 해법이다. 그리고 우리 혈중에 가득한 지방은 제조 식품과 가공식품의 산물이지만 이것은 결코 지방의 잘못이 아니다. 저혈당 쇼크와 인슐린 저항은 과도한 탄수화물 섭취가 낳은 결과임을 기억하자.

체내에 탄수화물이 과도하게 들어오면 인슐린은 즉각적으로 체내에 저장된 지방의 연소를 차단한다. 인슐린은 지방을 그대로 저장해 두라는 신호를 보내는 동시에 근육에다가는 지방 연소를 중단하고 포도당 연소를 시작하라는 신호를 보낸다. 이것만으로도 혈중에 지방산이 중성 지방 형태로 뭉쳐 있는 이유가 충분히 설명된다. 이것은 지방을 먹어서 생긴 일이 아니다. 인류는 늘 지방을 섭취해 왔다는 사실을 잊지 말자. 그 이유는 과도한 탄수화물, 특히 당분이 지방 연소를 가로막기 때문이다. 탄수화물 섭취를 줄이면 지방 문제는 저절로 해결된다. 그저 지방의 종류만 제대로 가려서 먹으면 된다.

비만 공포증

야생적 삶을 원하는가? 그렇다면 당류를 먹지 말라. 형태를 불문하고 먹지 말라. 자당도 먹지 말고, 순수한 사탕수수나 설탕도 먹지 말라. 액상과당도 안 된다. 꿀도 안 된다. 옥수수를 가공 처리했음을 알리는 화학명이 들어간 물질은 더욱더 안 된다. 말토덱스트린maltodextrin, 덱스트로스dextrose, 솔비톨sorbitol, 만니톨mannitol이 들어간 식품은 먹지 말라는 얘기다. 사과 주스도 안 된다. 존 레이티는 과일 주스가 아동 비만을 유발하는 숨은 인자라고 보는데, 식성이 까다로운 어머니조차 이 사실을 모르고 자녀에게 과일 주스를 먹이는 경우가 적지 않다.

고밀도 탄수화물도 먹지 말자. 정제 밀가루는 특히 더 피해야 한다. 쿠키는 말할 것도 없고 식빵, 파스타, 베이글도 안 된다. 곡물은 먹지 말자. 도정하지 않은 날것도 안 된다. 트랜스 지방도 먹지 말자. 트랜스 지방과 당은 가공식품의 기본이다. 가공식품이라면 뭐든 먹지 말자.

위의 처방에서 우리는 유제품에 대해서는 침묵했다. 물론 유제품이 무조건 좋다는 의미는 아니다. 단지 유제품은 진화와 관련해서도, 인간의 건강과 행복에 미치는 영향 면에서도 매우 흥미로운 주제일 뿐이다.

우선 유제품은 사람의 기본 설계가 오만 년 동안 변화하지 않았다는 원칙에서 예외적으로 벗어나 있다. 인류의 약 3분의 1은 성인이 되어서도 젖에 들어 있는 당류인 유당을 소화할 수 있도록 진화했다. 모든 어린이가 유당 분해 효소인 락타아제를 만들어 내는 것은 포유류 아기에게는 젖을 소화해야 생존할 수 있다는 명백한 이유가 있기 때문이다. 그러나 아주 머나먼 과거에 우리는 성인이 됨과 동시에 이 소화 능력을 상실했다가 햇빛이 풍부한 적도 부근의 아프리카에서 다시 소생되었다. 하지만 인류가 북쪽으로 이동하면서 낮이 짧은 겨울이면 햇빛이 부족해 비타민D 결핍 현상이 발생했고, 이로 인해 유당 소화 능력의 상실이 심각한 문제가 됐다. 비타민D는 햇빛에서만이 아니라 우유에서도 얻을 수 있기 때문이다.

진화 과정에서는 필요에 의해 발현되는 능력이 종종 있는데 유라시아의 성인에게서 유당을 소화할 수 있는 돌연변이가 발생했다. 이 능력은 오늘날까지 유라시아에 뿌리를 둔 인구 집단에게서 발견되며, 전 지구인의 3분의 1은 성인이 되어서도 유당을 소화할 수 있게 되었다.

흥미로운 점은 이 문제의 해법에는 생물학적 진화가 아닌 일종의 문화적 진화가 작용했다는 사실이다. 지중해 일대와 아시아 스텝 지역 일대에는 유당 분해 효소 결핍증을 앓는 사람이 아주 흔한데 이 사람들도 치즈와 요거트 같은 유제품은 먹을 수 있다. 유당 소화를 외부에서 해결하는 비법으로 박테리아를 이용해서 유당을 소화시키는 발효를 발견했기 때문이다. 즉 유당 분해 효소 결핍증이 있는 사람이라도 박테리아를 이용해서 유당을 소화시키는 발효시킨 유제품에서 영양소와 비타민D를 섭취할 수 있도록 외부의 미생물군집을 이용하는, 기발한 외주 방식을 창조해 낸 것이다.

이 사례가 보여 주듯 진화에는 일련의 개별적 해법이 작용하는 경우가 있어 유제품에 예외를 둔 것이다. 따라서 유제품의 경우에는 자신에게 효과가 있는 것을 찾아 실천하면 되겠다.

다양성

우리가 이야기하고 있는 것은 그저 섭취량을 조절하자는 것이 아니라 식량군 하나를 통째로 제한하자는 것이다. 그 식량군이란 바로 인류에게 가장 중요한 음식인 탄수화물이다. 이 주장은 우리가 서두에서 서술한 인류 진화의 토대, 즉 사람이 궁극의 만능인이요 운동과 영양, 마음 챙김에 이르기까지 스스로 자가 치유할 수 있다는 주장과 정면으로 대립한다. 인간이 종種으로서 성공을 거둘 수 있었던 것은 광범위한 조건과 환경, 다양한 식량에 적응할 수 있는 능력, 다른 종들과는 달리 지구의 전 영역을 차지할 수 있게 해 준 능력 덕분이다. 모순처럼 보이는 이 문제를 우리는 반드시 짚고 넘어가야 할 것이다.

진화는 우리에게 다양한 범주의 음식을 먹을 수 있게 해 줬을 뿐만 아니라, 이 다양성을 건강한 삶의 필수 조건으로 만들어 줬다. 우리는 다양한 음식을 먹을 때 건강할 수 있으며, 식단의 다양성이 깨질 경우 건강을 지킬 수 없다. 진화론적 접근법을 이용해 식단을 처방하고자 하는 많은 책들이 의외로 이 사실을 놓치고 있지만, 이것이 아밀라고스 박사가 제시한 첫 번째 규칙보다 더 중요한 규칙임을 기억해야 한다.

"식단의 다양성, 나는 다양성이 모든 것의 열쇠라고 생각한다."

당류를 섭취하지 말라는 우리의 주장도 이 규칙에 위배되지 않는다. 당류 섭취를 제한할 경우, 우리 몸은 이 다양성을 살리기 위한 활동을 벌이게 된다. 항상성을 기억하는가? 이 자동 조절 장치는 우리 몸의 각종 변수를 잠재우고 우리를 안정된 상태로 회복시켜 준다. 인슐린이 혈당에 반응하는 것은 항상성의 작용이다. 그러므로 인슐린 저항은 우리가 이 시스템을 무력하게 만들었다는 신호다. 너무나 무력해진 나머지 우리 내부의 자동 조절 장치가 기능을 멈춰 버려 더는 다양한 식단을 추구하지 않게 된 것이다.

지금까지는 우리 주장의 부정적인 측면만을 다뤘는데, 부정적인 면보다는 긍정적인 면이 훨씬 더 흥미로울 것이다. 앞서 살펴보았듯이 우리 뇌가 활동하는 데 엄청난 양의 에너지가 소모된다는 사실은 영양 문제를 결코 소홀하게 다뤄서는 안 된다는 의미이기도 하다. 에너지 밀도가 높은 식량에 대한 수요는 육식을 갈구하고, 그로 인해 수렵 활동이 불가피해졌는데 수렵 활동에는 방대한 양의 정보가 필요했다. 수렵 활동 외에 채집 활동을 위해서도 갖가지 식물종과 사계절에 대한 상세한 지식이 필요했다. 이를 테면 어떻게 생긴 잎사귀가 얼마나 시들었을 때 땅속 깊은 곳에 숨겨진 덩이줄기를 수확할 수 있는지 등의 아주 세세한 단서까지 활용했다. 색 지각 능력, 동물과의 교감 능력, 패턴 인식 능력, 그리고 타인과의 소통 능력 모두가 뇌에 에너지를 공급해야 한다는 근본적 욕구에서 시작된 것이며, 우리 뇌는 공급된 에너지에 대한 보답으로 이 모든 능력을 향상시켜 줬다. 이것이 바로 뇌의 발달을 이끄는 양성 피드백 작용이라고 할 수 있겠다.

그러나 이러한 에너지 수요는 '잡식 동물의 딜레마'라고 불리는 요소가 추가될 때 또 한 단계 상승한다. 이 딜레마는 어느 쪽이 더 이로울지를 결정해야 하는 순간마다 발생한다. 잡식 동물이자 지구 전 영역을 지배하는 인간은 되도록 많은 식량 공급원을 개척하고 이용해야 한다. 인간은 선천적으로 다양한 것을 사랑하는 성향, 새로운 것을 맛보고 시도하고자 하는 욕구가 있다. 그러나 야생에서 구할 수 있는 먹거리 중에 더러는 독성이 있는 것들도 있다. 어쩌면 우리가 생각하는 것보다 훨씬 더 많을지도 모른다. 당에 비하면 그 중요성은 떨어지지만 그 자리에서 단번에 쓰러뜨릴 수 있는 치명적인 맹독이 존재하는 것처럼 말이다.

진화의 역사를 되돌아보면 인간은 식품의 조리법을 통해 독성을 상쇄시키는 한편, 먹어도 좋은 것과 먹으면 안 되는 것에 대한 정보를 문화 집단 안에서 공유해 왔다. 집안 대대로 손맛이 이어지기도 하고, 각 지역의 어르신(혹은 원로)을 통해서 지역 먹거리에 대한 정보를 습득한다. 또 이를 필요로 하는 다른 이들에게 그 정보를 알려 준다. 생존을 위해 서로 의지하여 살아가는 방식, 이것이 바로 문화의 정수다. 하지만 이런 해법이 완벽함과는 거리가 멀다. 하기야 완벽한 해법이 존재했다면, 오랜 세월 영양소가 되는 모든 동식물을 남김없이 활용하고 독성이 있는 것은 전혀 손대지 않은 채 살아온 문화권이 있어야 할 것이다. 그러나 그런 사례는 전무하다.

아밀라고스 박사는 이 주제를 다룬 한 논문에서 !쿵족이 사막의 사바나 환경에서 105종의 식물과 260종의 동물, 총 365종의 동식물을 먹는다고 밝혔다. 그러나 최근 생물학자들은 이 지역의 식용 동식물종이 적어도 500종은 된다고 발표했다. 이 차이야말로 !쿵족이라는 문화권이 잡식 동물의 딜레마에서 안전을 택했음을 보여 주는 수치가 될 것이다.

하지만 여전히 인류가 다양성을 지향한다는 사실은 부인할 수 없을 것이다. 과학 저술가 타일러 그레이엄과 의학 박사 드루 램지의 공저 『행복한 식단 *The Happiest Diet*』은 식생활 문제를 진화 생물학적 관점에서 다루면서 !쿵족의 풍습 대신 현대인의 생활습관을 분석했다. 그들은 우리의 신체적 행복과 정신적 건강이 우리가 먹는 것에서 나오며, 식생활은 우울증만의 문제가 아니라고 주장한다. 예컨대 뇌에서 유래한 신경 세포 성장 인자인 BDNF brain-derived neurotrophic factor가 있다. 『운동화 신은 뇌(북섬)』의 저자 존 레이티는 이 화학 물질을 '기적의 신경 세포 성장 인자'라고 불렀다. BDNF는 단순한 운동이 건강과 행복에 심대한 영향을 미치는 이유를 설명해 주는 중요한 연결 고리인데, 이것은 운동에 대해 알아보면서 좀 더 상세히 이야기할 것이다. 다만 영양은 BDNF에도 영향을 미쳐 당류가 많이 함유된 식단은 BDNF를 감소시키고 엽산, 비타민B12, 오메가3 지방산이 많은 음식을 먹으면 뇌에서 BDNF가 증가한다.

그레이엄과 램지가 12종의 미량 영양소와 비타민류*를 조사한 바에 따르면, 산업화된 식단에서는 찾을 수 없는 신선한 과일과 채소에 풍부한 이들 영양소는 뇌의 건강과 특정 회로의 발달에 아주 중요한 역할을 한

---

*비타민B12, 요드, 마그네슘, 콜레스테롤, 비타민D, 칼슘, 섬유질, 엽산, 철분, 비타민A, 오메가3, 비타민E

다. 하지만 이것은 시작일 뿐이다. 최근 '생체 내 이용 효율'이라는 현상에 대한 연구가 시작됐는데 특정 비타민이나 특정 영양소가 부족한 경우, 해당 영양소의 부족분을 보충제 형태로 채워 준다고 문제가 해결되는 것이 아님을 밝혀냈다. 이들 영양소를 우리 몸이 흡수할 수 있느냐 없느냐의 여부에 다른 영양소들이 큰 영향을 미치기 때문이다. 예를 들어 시금치를 레몬과 함께 섭취하면 시금치 내의 철분을 훨씬 더 많이 흡수할 수 있다. 같은 이치로 달걀과 치즈를 같이 먹으면 비타민D와 칼슘 흡수율이 높아진다.

식단의 다양성 문제를 다루려고 하면, 이처럼 대략적인 설명에도 복잡한 세부 사항들이 즐비하여 일반적인 처방식 다이어트로는 다 담아낼 방도가 없다. 수천 년 동안 진화해 온 전래 지식을 추적하면 그 일부를 알아내는 것은 가능하다. 그러나 개개인에게 얼마만큼의 칼로리가 필요하며 어떤 영양소가 필요한지, 또 그 많은 영양소들의 일일 권장량이 얼마인지를 다 알아낸다는 것은 한마디로 불가능하다. 지금의 우리가 알 수 있는 것은 진화를 거쳐 다다른 현재의 상황뿐이다. 우리가 인체, 그중에서도 특히 두뇌의 복잡하고도 고도로 진화된 요구 조건을 충족시키기 위한 출발점은 다양성뿐이다. 진화가 우리 안에서 다양성이 그렇게 큰 효과를 발휘하도록 설계해 놓은 이유가 바로 여기에 있다.

지금까지 이 책 전반부에서 우리가 제시했던 처방 — 당을 먹지 마라, 곡류 같은 밀도 높은 탄수화물을 먹지 마라, 트랜스 지방을 먹지 마라. —은 확실히 부정적이다. 이는 곧 가공식품을 끊으라는 얘기다. 그러나 이런 절제를 통해 진짜로 하고 싶었던 말은 단조로운 공장제 식품 식단을 거부하라는 것이다.

우리는 특정 식단을 강조하지 않으며 심지어 칼로리를 제한하라고도

하지 않는다. 우리는 그저 지속 가능한 식생활이 어떤 것인지를 개괄적으로 제시하고 이를 가능하게 해 주는 것이 바로 다양성이라고 주장하고 싶다. 진화는 우리 감각 기관에 풍성한 맛과 색과 식감을 추구할 수 있는 능력을 부여해 줬다. 견과류에서 뿌리채소와 잎채소, 과일과 생선, 방목 사육한 육류, 청정한 한류성 수역의 어류에 이르기까지, 광활하고 다양한 지역의 먹거리를 골고루 잘 먹으면 그만인 것이다.

진화는 일방통행이 아니다

다시 메리-베스 스터츠만의 이야기로 돌아가 보자.

그녀는 지금 건강하게 지내고 있다. 우리를 만난 식당에서 주문을 하면서 메리는 동네 호수에서 잡은 흰살 생선 필레는 사양했다. 이유를 묻자 이 식당의 필레는 빵가루를 입혀 조리하는데, 그것을 먹을 수 없다는 것이다. 이것이 메리를 건강하게 만들어 준 원칙이자, 오랜 세월 수많은 전문가와 응급실을 찾아다니면서 메리가 구하고자 했던 해법이었다. 결과적으로 어떤 유능한 의사도 그녀에게 정확한 답을 주지 못했지만.

과거 모든 것을 내려놓고 절망의 시간을 보내던 그녀에게 한 친구가 손수 만든 컵케이크와 구석기 식단에 관련된 책을 챙겨 왔다. 메리는 친구의 마음에 크게 감동받아 그 자리에서 컵케이크를 꺼내고 차를 내왔다. 그러나 그 친구는 자신이 전달한 책에 나온 식단을 실천하는 중이라며 컵케이크는 먹지 않았다. 메리는 이 책 내용 중에서도 특히 장누수증후군을 다룬 부분을 읽고 큰 충격을 받았다. 자신에게는 고통스러울 정도로 익숙한 증상이었다. 장누수증후군의 원인은 밀도 높은 정제 탄수화물과 당 섭취다. 오랜 세월 의사를 만나고 온갖 증상을 섭렵해 왔지만, 누구 하나 그녀가 먹는 음식에 관해서는 묻지 않고 그 비슷한 얘기도 들려준 적이 없었다. 메리는 책에 나온 식단을 받아들인 뒤 즉각적으로 건강이 호전됐다. 아니, 몸 상태가 나날이 더 좋아졌다. 그녀를 치료해 준 것은 음식이었고, 그게 전부였다.

지금의 메리는 활력과 생기가 넘치며, 헬스클럽을 적극적으로 홍보하고 다니는 운동광으로 변모했다. 집안일과 가족을 돌보는 일도 행복하게 수행하고 있었다.

"이 근사한 느낌을 다 표현할 수가 없어요. 정말로 다시 태어난 것 같아요. '살아 있다는 게 얼마나 좋은지 알아?' 하는, 그런 기분이죠. 정말이지 너무너무 좋아요."

그렇다고 메리가 광적인 구석기 식단 애호가가 됐다는 얘기는 아니다. 오히려 '구석기'라는 말에 질색을 한다. 단지 자신의 섭생법은 '구석기 경향을 띠는' 식단이라고 정의한다. 조심스럽지만 가끔씩은 도정하지 않은 곡물도 입에 대고, 더러는 설탕이 들어간 아이스크림도 먹는다. 조금씩만 먹으면 유당도 별 문제를 일으키지 않기 때문이다. 다만 메리가 경험한 변화에서 중요한 점을 몇 가지 짚고 넘어가려고 한다.

첫째, 회복은 식단에서 시작됐다. 출발점은 그녀 자신을 아프게 만들고 그 어린 나이의 자신을 죽음 직전까지 몰고 간 것이 문명을 탄생시킨 곡류와 당이라는 아주 기본적인 사실을 자각했다. 그리고 이를 바로잡기 위해 그녀가 해야 했던 일은 식단을 차분히 살피는 것이었다.

둘째, 진화 과정을 통해 알게 된 지식을 활용하여 그 문명의 함정에서 빠져나올 길을 스스로 마련했다. 그러나 더 중요한 것은, 일단 상태가 호전되기 시작하자 건강한 식단에서 범위를 확장하여 운동, 가족, 공동체를 통한 행복 추구의 길로 나아갔다는 사실이다. 이러한 경로의 변화는 앞으로 다른 사람들의 사례에서도 확인될 것이다. 사람들의 변화가 똑같이 식단과 영양에서 시작되는 것은 아니지만 대다수는 이러한 경로를 따른다. 사실 섭생에 문제가 있는데 건강을 회복한다는 것은 어불성설이다. 우리는 어떤 경로가 됐든 진화의 교훈에서 시작돼야 한다고 믿는다.

chapter 4

민첩하게
운동하라

"우리에게는 왜 뇌가 있는가?"

영국의 신경 과학자 대니얼 월퍼트는 언제나 상식을 뒤흔드는 난처한 질문으로 말문을 열곤 한다. 그는 사람들의 답은 뻔할 것이라고 예상한다. '생각하기 위해서'라고.

"하지만 이건 완전히 틀린 생각입니다. 우리에게 뇌가 존재하는 것은 오로지 한 가지 이유에서입니다. 유연하고 복잡한 움직임을 만들어 내기 위해서죠."

그는 인간의 뇌가 몸의 움직임에 의존하며 뇌와 몸이 서로 떼려야 뗄 수 없는 관계라고 주장한다. 움직임에 의해 뇌가 발달하는 것은 인간이 움직이는 데 뇌의 작용이 필요하기 때문이다.

월퍼트의 연구는 인간이 수행하는 일을 컴퓨터는 할 수 없다는 일반적인 통념에서 시작됐다. 컴퓨터 공학은 수세대에 걸친 연구와 노력 덕분에 눈부신 발전을 이룩했지만 여전히 인공 지능이라고 할 만한 수준에는 도달하지 못했다. 컴퓨터가 스스로 음악을 연주하고, 판단을 내리고, 책을 집필하는 수준에는 이르지 못한 것이다.

"체스 게임에서 컴퓨터가 인간 챔피언을 꺾는 세상이라지만, 여섯 살 아이 수준으로 체스 말을 가지고 노는 로봇은 아직 등장하지 않았다."

그러나 월퍼트의 주장에는 중요한 무언가가 빠져 있다. 손가락을 튕기거나 연필을 집어 드는 동작처럼 단순하기 짝이 없는 움직임이 사실은 컴퓨터 수준 이상의 연산력과 근육 협응력이 요구되는 운동이라는 거다. 그리고 우리에게 뇌가 필요한 이유가 바로 여기 있다. 신경 과학자 로돌포 이나스는 이 문제를 아주 명쾌하게 요약했다.

"인간의 사고는 진화적으로 내면화된 운동이다."

이 주장을 가장 효과적으로 설명해 주는 실례가 멍게다. 멍게는 유생일 때는 바다 안을 헤엄쳐 돌아다니지만, 식량 공급원이 될 자리를 찾으면 그곳에 몸을 붙이고 움직이지 않는다. 그렇게 하는 과정에서 가장 먼저 하는 행동이 자기 뇌를 먹어 분해시키는 것이다. 움직일 필요가 없으니 더 이상 뇌가 필요하지 않은 것이다.

반면 많은 움직임이 필요한 종일수록 더 큰 뇌가 필요하다. 이를 극명하게 보여 주는 것이 포유류다. 대형 유인원인 인간이 가장 큰 뇌를 가졌고, 운동 분야의 챔피언이라는 사실이 이 주장을 결정적으로 뒷받침해 준다. 인간으로서 우리가 오랜 세월 가장 열렬하게 매혹되어 온 능력은 움직임일 것이다. 정착 생활이 우리 종의 특성이지만 우리는 사람들의 움직임을 지켜보는 것, 일명 프로 스포츠라는 문화 자본에 막대한 돈을 투자한다. 다른 실례로 발레 공연을 들어 생각해 보자. 다른 어떤 종이 순수하게 몸의 움직임만으로 다양한 감정의 변화와 제어 능력을 획득하겠는가?

우리가 발레나 춤에 매혹되는 것은 우연이 아니다. 남성이든 여성이든 자신이 매력을 느끼는 이성의 나체에 매혹되는 것이 우연이 아닌 것과 같은 이치다. 우리는 자신에게 중요한 것에 관심을 기울이고 매혹되도록 진화했으며, 움직임은 우리에게 중요한 것이다. 진화가 우리로 하여금 우아한 움직임을 아름답다고 생각하게 만든 것이다.

뇌 단련

신경 과학은 1990년대에 신경 가소성과 신경 생성이라는 획기적인 두 개념을 제시함으로써 뇌 연구를 새로운 방향으로 이끌었다. 신경 가소성은 우리 뇌에 성형성plastic과 가변성malleable이 있어 외부의 자극과 경험과 학습에 의해 뇌가 구조적, 기능적으로 변화하며 재조직될 수 있다는 개념이다. 가령 유전적으로 언어 능력이 취약한 사람은 언어 방면에서 평생 고전은 하겠지만 아주 조금씩 회로의 배선을 바꾸고 용도를 변경할 수 있다. 이렇듯 뇌는 새로운 환경에 적응하며 성장하는데 이것을 신경 가소성이라 부른다.

신경 생성은 신경 가소성과 비슷한 듯하지만 훨씬 더 혁명적인 개념이다. 뇌 안에서 새로운 세포와 연결망들이 필요에 따라 자라나기도 하는데, 이는 운동을 통해서 근육이 자라는 것과 크게 다르지 않다는 것이다. 따라서 최근 신경 과학에서는 '뇌가 일종의 근육'이라고 정의하는데 이러한 현상을 뒷받침하기 위해 관련 연구자들이 뇌의 정교한 반응을 유발하는 신호 전달 경로와 생화학적 변화에 따른 메커니즘을 밝혀내기 시작했다. 또한 큰 뇌와 정교한 신체 동작은 함께 움직이고 진화 과정에서 뇌와 근육을 성장시키는 신호 전달 경로의 일부가 같은 구조로 이뤄졌다는 진화 생물학의 가설은 이 분야의 연구들을 강력하게 지지하고 있다.

우리는 앞서 항상성라는 개념을 몇 차례 언급했지만, 지금부터 할 이야기에는 '자극성hormesis'이라는 또 다른 개념이 필요하다. 자극성은 생물체에 독소 같은 미량의 스트레스 인자가 유입됐을 때 독성 물질에 대한 저항 능력이 향상되는 현상이다. 이 원리는 운동에도 적용된다. 항상성이 인체를 온전한 상태로 회복시킨다면 자극성은 평소보다 더 좋은 상태로 회복시킨다. 보디빌더가 역기를 들어 올릴 때 일정한 근육 다발에 강한 스트레스를 부여하는데, 과부하로 근육이 손상되면 몸은 면역 반응과 염증으로 대응한다.

우리가 이 시점에서 눈여겨봐야 할 것이 있다. 몸을 회복시킨다는 것은 그저 손상된 부위를 예전으로 돌려놓는 것이 아니라 충격에 적응함으로써 더 크고 더 강하게 재건되는 과정이라는 점이다. 인간의 몸과 근육이 더 무거운 중량이라는 새로운 도전에 직면했을 때 하부 조직을 키워 그 도전에 응전하는 것이다. 근육이 커지면 몸의 회복력도 상승한다. 이 도전이 사라지면 몸은 다른 방향으로 나아간다. 요컨대 쓰지 않으면 잃게 되는 것이다.

유산소 운동

그럼 이제 기적의 신경 세포 성장 인자인 BDNF뇌유래 신경 세포 성장 인자가 다시 등장할 시간이다. 운동은 근육과 동시에 뇌의 활동을 요구하는데, 그 과정에서 뇌가 BDNF를 분비하고 세포를 성장시킴으로써 높아진 뇌의 요구를 수행한다. 하지만 BDNF는 해당 움직임을 관장하는 부위만이 아니라 뇌 전체에 흘러넘친다. 이렇듯 몸을 움직이면 뇌 전체가 성장한다. 운동은 뇌세포의 성장과 원활한 기능에 필요한 환경을 마련해주기 때문이다.

화학적인 측면에서 보자면 운동은 중독이나 우울증 같은 문제와 관련해서 오래전부터 연구되어 온 세로토닌과 도파민, 노르에피네프린 같은 신경 전달 물질의 분비를 유발하고 신경 전달 물질은 병렬 처리 과정으로 서로 밀접하게 연결되어 있다. 그러나 이것들도 결국 세포다. 뇌는 에너지 소모가 큰 뉴런신경 세포들의 네트워크로, 이 세포들은 우리 몸의 건강을 위해 몸 안팎에서 주어지는 자극에 신호를 주고받으면서 생화학적 변화를 통해 적응하고 우리 몸으로 신호를 내보내는 활동에 매진한다. 이 점은 뇌와 운동의 관계에서 논리적으로 설명된다. 우리 몸이 더 강하고 더 정교하게 움직이도록 요구받을 경우, 그 움직임을 끌어내기 위해 더 많은 뇌 회로가 작동해야 한다. 어느 한 회로라도 제대로 형성이 안되면 이 요구에 적응할 수 없으므로 모든 회로에 골고루 공급될 분량의 생화학적 변화가 필요하다.

이 이야기는 더 이상 추측이나 가설이 아니다. 과학이 부지런히 수집해 온 방대한 근거는 우리 뇌의 건강과 행복을 위해 가장 빠르고 확실한 방법이 몸을 움직이는 것, 즉 격렬한 유산소 운동이라고 말하고 있다.

프랭크 부스가 이끄는 연구팀은 운동 부족이 '가장 고질적인 20가지 질환'의 원인으로 떠오르는 연구 사례를 소개했다. 이 논문에는 비만은 물론 울혈성심부전증, 관상동맥질환, 협심증, 심근경색, 고혈압, 뇌졸중, 제2형 당뇨병, 이상지혈증, 담석증, 유방암, 결장암, 전립선암, 췌장암,

천식, 만성폐쇄성폐질환, 면역 저하, 골관절염, 류마티스 관절염, 골다 공증 등 각종 문병병과 신경계 질환이 총망라되어 있는데 그 가운데 한 문장이 운동 부족 문제의 절박성을 여실하게 보여 준다.

움직임 없는 생활 습관은 인지 기능 저하로 연결된다.

이후 메이오클리닉 신경학과의 에릭 알스코그 연구진은 인지 능력과 운동의 관계를 다룬 총 1,603건의 연구 논문과 보고서를 입수하여 대대 적인 평가 작업에 돌입했다. 그들은 검색된 논문을 한 건도 빠짐없이 읽 고 내린 결론을 2011년에 발표했다. 이 발표에서 역점을 둔 것은 알츠하 이머와 같은 중증 치매였지만, 노화의 상징인 기억력 감퇴와 총기 저하 의 문제도 함께 조명했다.

조사 결과는 노인층만이 아니라 전 연령층에서 공히 압도적으로 나타 났다. 우선 경미한 기억력 감퇴에서 극심한 알츠하이머까지 모든 인지 장애가 운동을 통해 현저하게 개선됐음을 보여 줬다. 또한 규칙적으로 운동한 중년 남녀를 조사한 연구에서는 운동이 노년기에 겪을 수 있는 모든 장애와 손상을 예방해 주는 것으로 나타났다. 운동은 병을 앓고 있 는 환자에게 도움이 될 뿐만 아니라 병을 예방하는 효과도 있었다. 그런 의미에서 인지 장애는 노화의 결과라기보다는 의자에 틀어박혀 있는 생 활습관의 결과라고 봐야 할 것이다.

그동안 우리는 많은 노인성 신경질환이 심장혈관이 쇠약해지고 순환 기능이 떨어져 산소가 뇌에 충분히 공급되지 못하기 때문에 발생한다고 여겼다. 이 원인을 추적하던 알스코그 연구진도 혈관의 쇠약이 실제로 영향을 미친다는 사실을 발견했다. 그러나 혈관 문제와 관련된 근거들의 비중을 따져 봤을 때, 혈관의 쇠약은 부수적인 원인에 불과하다는 것이 그들의 결론이었다. 그들은 운동의 주된 장점으로 신경 가소성과 신경 생성 향상을 꼽았으며, 더 구체적으로는 '기적의 신경 세포 성장 인자'의 생성이 활발해지는 효과를 꼽았다. 뿐만 아니라 또 다른 생화학 물질군, 특히 인슐린 유사 성장 인자 −1과 IGF−1의 생성 효과도 밝혀냈다.

또한 알스코그 연구진은 운동하는 노인들의 뇌 연구로 인간의 뇌 성장이 운동과 밀접한 관계가 있다는 사실을 발견했다. 기억 처리 기능을 관장하는 부위인 해마가 운동하는 노인들의 기억 능력을 향상시키고 그 노화의 한 가지 특성인 회질의 축소를 예방한다는 것을 알아낸 것이다. 뿐만 아니라 기능적 자기 공명 영상 fMRI측정으로 뇌 기능이 향상됐음을 더욱 명백하고 확실하게 보여 줬다.

0교시 체육 수업

운동이 젊은 뇌에 미치는 영향에 관한 연구도 활발해지고 있다. 존 레이티의 저서 『운동화 신은 뇌(북섬)』의 핵심 요소가 됐던 교육 실험이 그에 가장 좋은 예다. 실제로 0교시 수업으로 체육 시간을 배치한 네이퍼빌 센트럴 고등학교의 실험은 학업 성취도에서 눈부신 향상을 일구며 운동이 청소년기의 뇌 발달에 어떤 효과를 주는지 알려 주었다.

한편 스웨덴에서는 1950년부터 1976년까지 군에 입대한 남성 120만 명을 대상으로 각각 15세 때와 18세 때의 심폐 지구력과 근력, IQ, 각종 인지 능력을 비교 대조한 데이터베이스를 구축했다. 여기에서도 심폐 지구력과 두 항목의 지적 능력이 긍정적인 상관관계를 보여 줬다. 연구진은 한발 더 나아가 수검자들의 성인기까지 추적하여 체력 점수가 높았던 사람들이 더 높은 교육 수준과 인생 만족도와 사회·경제적 지위를 성취했음을 보여 줬다.

스웨덴 사례는 한 가지 더 흥미로운 양상을 보여 준다. 이 조사 작업에는 27만 명의 형제와 1,300쌍의 쌍둥이 형제가 포함됐는데, 심폐 지구력이 높은 수검자들의 인지 능력과 IQ가 더 높게 나타났다. 이는 IQ가 유전자에 의해 결정된다는 통념과 달리, 체력이 지적 능력에 더 큰 영향을 미친다는 증거가 된다.

존 레이티는 1970년대에 마라톤 선수들이 마라톤을 그만둔 뒤로 우울증에 시달린다는 사실에 주목한 이후로 줄곧 한 가지 생각에 천착해 왔다. 달리기를 그만두는 것은 효험을 보던 약물을 중단하는 것이나 다름없다는 것이다. 그의 주장은 인지 능력에서뿐만 아니라 정신 건강의 기본 요소와도 연관되어 나타난다.

『운동화 신은 뇌(북섬)』에서 이 문제를 다룬 이후로 운동이 정신질환의 치료법으로 널리 활용되고 있다. 불안, 중독, 주의력결핍장애ADHD, 강박 장애, 정신 분열증, 양극성장애 치료에서도 운동이 긍정적인 결과를 낳는다는 사실을 밝힌 논문들이 나오고 있지만, 다들 우울증 연구 수준에는 미치지 못한다. 2010년 미국정신의학협회에서 발행한 우울증 치료 지침에 운동이 처음으로 효과가 입증된 치료법 목록에 올랐다. 이로써 미국정신의학협회가 히포크라테스의 유지를 받든 셈인데, 히포크라테스는 일찍이 기분이 울적한 사람에게 많이 걸을 것을 권했다.

이 임무를 이끈 것은 듀크 대학의 임상 심리학자 제임스 블루멘솔이다. 그는 늘 앉아만 지내는 불안장애 환자나 우울증 환자에게 운동이 미치는 영향을 알아보기 위해 몇 가지 실험을 진행했다. 이 연구에서 그는 잘 움직이지 않는 우울증 환자 156명을 세 개 그룹으로 나누어 각 그룹에 과제를 부여했다. 한 환자군에게는 항우울제인 졸로프트의 용량을 점차 늘려 복용하게 했고, 또 한 환자군에게는 사십 분씩 일주일에 세 번 운동을 시켰다. 마지막으로 세 번째 환자군에게는 약물 복용과 운동을 병행시켰다. 실험 16주 차에는 우울 점수에 변화가 없었지만 열 달간의 추적 실험이 끝날 무렵, 운동 환자군이 약물만 복용한 환자군보다 증상이 호전됐음을 알 수 있었다.

블루멘솔은 저명한 정신약리학자들로부터 실험에 위약군을 포함시키지 않았던 오류를 지적받은 뒤, 2007년에 202명의 환자를 대상으로 한 임상 실험의 연구 결과를 발표했다. 앞선 실험과 마찬가지로 운동 환자군에게서 긍정적인 결과가 나타났다. 그 뒤로 유산소 운동과 근력 운동의 효과를 증명하기 위한 많은 연구가 이뤄졌는데, 두 운동 모두 긍정적인 효과를 나타냈다.

이렇듯 의자에 틀어박힌 생활습관은 뇌 손상을 야기한다. 진화가 뇌의 성장과 건강을 위해서 설계해 놓은 신경 전달 물질의 분비를 운동 부족이 가로막기 때문이다.

산악 달리기

우리의 주장을 접한 여러분은 이제 뭘 하면 좋을지를 생각할 것이다. 당장에 헬스클럽에 등록한 뒤, 일주일에 엿새씩 러닝머신이나 고정 자전거에 몸을 실을 준비를 할지도 모르겠다.

헬스클럽 운동도 그럭저럭 괜찮은 운동법이다. 하지만 우리는 여러분을 헬스클럽 바깥으로 불러내고 싶다. 털장갑과 두툼한 겨울옷을 벗어 던지고 햇살 좋은 날에 우리와 함께 달리자고 말이다. 지금 이곳이 로키 산맥이라고 상상해 보자. 처음엔 조금 쌀쌀할 것이다. 하지만 햇빛을 받으며 조금씩 움직여 몸을 풀다 보면 얇아진 옷이 제격인 순간이 온다. 기점으로부터 잠깐 이어지는 평지는 너그러운 몸 풀기 코스다. 이어지는 오르막, 숨이 차오르다가 버겁게 느껴지고 심장 박동은 어느덧 한계선을 넘는다. 가파른 비탈이지만 이를 악물고 페이스를 유지한다. 이윽고 머리가 어지럽고 숨이 가쁘고 사두근이 피로 신호를 보낼 것이다. 페이스를 낮춰 걷다가 심박수가 정상으로 회복되어 머리가 개운해지는 것을 느낄 수 있다. 몇 백 미터만 더 가면 산마루턱, 저 아래 골짜기가 한눈에 내려다보일 것이다. 숨을 한 번 들이쉬고 재정비했다면 이제 빠르게 걷는다. 자신에게 맞는 속도를 고르고, 비탈의 기울기를 가늠해 보고, 다시 달리기 시작한다. 정상까지 100미터 가량 남았을 때, 속도를 늦추되 멈추지 않고 목표 지점을 향해 달린다. 이번에는 진창이다. 눈더미가 녹아내린 탓에 산길은 참호가 됐다. 사두근과 폐가 또다시 고통을 호소하지만 현재의 속도가 딱 좋으니 그대로 유지한다. 이제 정상, 한 번 웃음으로 승리를 만끽하고는 곧바로 내리막길로 접어든다. 이번에는 기어를 바꾸어 조금 급하다 싶게 잰걸음으로 걷는다. 돌뿌리와 풀뿌리는 피하고, 경사진 굽잇길은 잽싸게 돌고, 움푹한 웅덩이에 버티고 있는 반들거리는 얼음길을 헤쳐 나가자면 깡충 뛰는 것 만한 게 없을 것이다. 길은 가팔라지고 휘감기듯 굽이진다. 굽잇길에 비스듬히 서서 바위를 부여잡고 네 발로 엉금엉금 암벽을 타다가 착지하면 철퍽, 다시 진창, 그리고 굽잇길. 아직은 짧은 해가 미처 뚫고 들어오지 못하는 숲의 천장 위에서 햇살이 굽잇길을 알려 준다. 이제는 너무 빨라진 발걸음을 제어하기도 어려운데, 여기서 한 발만 더 내디디면 암벽 벼랑에서 끝나는 가파른 눈썰매 길이다. 이대로 미끄러져 저 아래로 내리꽂히지 않으려면 지푸라기라도 잡아야 할 판이다. 그러나 당황하지 마라. 몸에 잔뜩 힘을 주면서 제동을 걸면 안 된다. 일단 몸에서 힘을 뺀다. 힘을 빼야 균형을 잡고 제어할 수 있다.

이것은 우리가 십 분쯤 산길을 달리다 보면 경험하게 되는 짤막한 한 장면이다. 반면 러닝머신 위에서 십 분을 달리게 된다면 대략 다음과 같은 이야기가 될 것이다. 기계 위에 올라간다. 한 걸음 걷는다. 왼발, 오른발, 왼발, 오른발……. 산길에서 달리는 이야기는 그저 책으로 경험했을 뿐인데도 훨씬 더 많은 뇌 활동을 필요로 한다. 운이 좋다면 우리의 산악 달리기 묘사가 여러분의 거울 뉴런을 활성화시켜 공감 능력을 자극했을 수도 있을 것이다.

어디 그뿐인가. 울퉁불퉁 오르락내리락하는 진짜 세계로 들어가 갖가지 스트레스와 도전에 맞닥뜨리는 것만으로도 온몸의 근육 다발과 신경 회로가 활성화된다. 근육과 뉴런만이 아니다. 그 기나긴 오르막을 꾸역꾸역 오른 뒤 씩 한번 웃을 때 느껴지는 뿌듯함, 정상 정복의 경험, 역경과 도전을 이겨낸 승리의 기분을 예로 들어 보자. 그 의기양양한 도취감 뒤에는 근육 활동에 자극받은 생화학 물질의 분출이 잇따른다. 그것은 행복감과 뇌에 절대적으로 중요한 물질들인데 이 작은 보상 중에서 빠질 수 없는 물질이 도파민이다. 마약이나 자극제를 동원해서라도 그토록 얻고자 하는 물질, 처방받은 항우울제로 재생해 보려고 그토록 애쓰는 물질 말이다. 이 작은 보상에서 우리는 진화의 논리를 읽을 수 있다. 이것은 진화가 우리를 계속 진전하게 하고 생존에 성공하게 하려고 준비해 놓은 선물이다. 진화는 우리에게 일용할 행복을 처방해 줬지만, 그 행복을 맛보려면 몸부터 움직이지 않으면 안 된다.

그렇다고 산악 달리기가 유일한 해법이라는 것은 아니다. 단지 산악 달리기가 야생에서 이뤄지는 수렵이나 채집 활동인 생산적 운동을 대신할 수 있는 최적의 방법이며, 이를 통해서 순서가 정해진 체육을 해야 한다는 생각을 떨칠 수 있을 것이다. '체육'이라는 말은 산업화되고 획일적으로 관리되며 실내에서 생활하는 우리 시대에나 걸맞은 인위적 개념이다. 뇌가 우리가 지금까지 설명한 움직임의 중요성을 충분히 활용하려 한다면 체육을 할 필요는 없다. 그저 민첩하게 몸을 움직이면 된다.

새로운 운동의 발견

평생을 건강과 운동 관련 업종에 종사해 왔던 매트 오툴은 다국적 스포츠 장비 제조사인 리복의 수장이다. 강인하고 탄탄한 체구의 그는 보스턴 외곽에 위치한 리복 사무실에서 캐주얼 운동복 차림으로 일한다. 리복이 그랬듯이 오툴은 일생의 변신이라 불러도 좋을 도전에 성공했다.

"구 년 연속 기록을 갈아 치웠습니다. 하루도 빠지지 않고 러닝머신 위에 올랐죠. 이걸 내 평생의 운동으로 삼아야겠다 싶을 정도였어요. 다른 운동을 할 때는 자주 시간을 어기게 되었거든요. 출장으로 일주일에 두세 번은 운동을 빼먹기도 했고요. 그래서 기록을 갱신하겠다는 마음으로 달렸지요. 문제는 그렇게 구 년을 달렸더니 몸이 망가진 겁니다. 허리며 무릎에 온갖 문제가 생겼습니다. 허리는 얼마나 심각했던지, 의사가 평생 달리면 안 된다고 하더군요."

이후 오툴은 크로스핏Cross-fit에 가입했다. 다양한 운동 종목으로 구성되어 있는 크로스핏은 역기, 도약, 달리기, 던지기, 팔 굽혀 펴기, 턱걸이 등 전신 근육을 골고루 사용할 뿐만 아니라 심장과 폐, 정신까지 강화시키는 운동 프로그램이다. 이 운동은 다른 사람들과 그룹을 짜서 함께 하는 방식과 경쟁 방식을 활용하는데, 팀 대 팀 대결보다는 단체 정신을 강조한다. 자기 자신과 경쟁하면 함께하는 그룹이 응원하고 이를 통해 기록이 상승하면서 일종의 공동체가 형성된다.

오툴의 허리 문제는 크로스핏을 하면서 곧바로 사라졌다. 크로스핏이 가져온 변화가 얼마나 컸던지 리복에까지도 그 영향이 미쳤다. 리복은 미식축구, 축구, 하키, 농구 분야의 슈퍼스타를 활용하는 마케팅을 의도적으로 배제했다. 대신 크로스핏을 공식 지원하여 사람들을 소파에서 끌어 냈고, 체육관으로 가게 만드는 것을 사업의 기본 방향으로 삼았다.

오툴은 크로스핏의 가장 큰 매력은 다양성이라고 누차 강조했다. 다양성이라는 어휘는 앞서 우리가 음식과 영양을 설명할 때 가장 눈여겨봤던 것으로 인류의 진화에서 가장 중요하게 작용한 요소다. 다시 말해 진화적 측면에서 인간의 가장 훌륭한 특성은 다채로운 도전이 기다리는 여러 환경을 적응하고 번성하는 능력이라는 것이다.

사실 지금까지 우리는 구체적인 처방을 피하려고 했다. 일반론일지라도 다양한 대안을 제시함으로써 자신에게 맞는 프로그램을 스스로 찾을 수 있게 해야 한다고 생각했기 때문이다. 이 운동은 몇 회 반복하고 저 운동은 몇 분 동안 지속하며, 목표 심박수는 몇 회로 설정하고, 운동 간격은 주 몇 회로 잡으며, 이 브랜드 신발에 저 스포츠 음료와 보충제를 복용하라는 등의 운동 광고를 하려는 게 아니었다. 그런 구체적인 처방도 좋지만 지금 하고 있는 것이 올바른 방향인지 어떻게 알 수 있겠는가? 감량된 체중으로? 복근과 엉덩이 탄력도로? 자세로? IQ 테스트로?

"크로스핏은 달랐어요. 크로스핏을 하다 보니 계속하고 싶은 이유를 대번에 알겠더라고요. 사람들하고 같이하면서 내 한계에 도전하는 것이 그렇게 재밌을 수가 없는 거예요. 러닝머신 위에서 달릴 때는 나도 모르게 자꾸만 제어판 속의 숫자를 들여다보게 되었는데 크로스핏은 '이거 정말로 하고 싶어지는데.' 하는 마음이 저절로 생기더라는 겁니다. 긍정적인 태도로 운동에 임하게 된 거예요."

바로 이것이다. 몸을 움직이는 그 순간이 몹시 기다려지는 것, 어서 가서 하고 싶어지는 것.

그렇게 느낄 때 여러분은 올바른 방향으로 가고 있다는 뜻이다. 그러니 그때가 올 때까지 포기하면 안 된다. 건강해지는 것만으로는 올바른 방향이라고 할 수 없다. 재미와 즐거움을 느끼는 것이야말로 올바른 방향이라고 할 수 있다. 너무 모호한 얘기라고? 그렇다면 거꾸로 물어본다. 앞서 말한 근육과 뇌의 생화학적 메커니즘을 기억하는가? 그 화학 작용은 우리의 뇌를 성장시키고 기능을 향상시키지만 동시에 좋은 기분을 보상으로 준다. 그 화학 작용은 '우리 몸이 지금 좋은 상태다.' '올바른 방향으로 잘 가고 있다.'라는 신호가 떨어질 때 비로소 활발하게 일어나기 때문이다.

"인간의 사고는 진화적으로 내면화된 운동이다."

chapter **5**

졸리면
자라!

또 하나의 안전 조치는 모든 부족민이 얕은 잠을 자며 전원이 동시에 잠
드는 일이 없다는 점이다. !쿵족 부락에서는 밤마다 누군가가 불침번을 서는 듯
했는데, 밤의 파수꾼들은 불가에서 몸을 덥히거나 타조알 속의 수분를 빨아먹거
나 했다.(중략)불침번을 정하는 순서는 임의적이었다. 군인이 보초를 서거나 뱃
사람이 파수를 볼 때와 달리 알아서 순서를 정하는 모습이 마치 일상인 것처럼
느껴졌다.

위의 글은 미국의 인류학자이자 작가인 마셜 토마스가 2006년에 출간
한 『슬픈 칼라하리 The Old Way』에서 인용한 글이다. 마셜 토머스는 1950
년대 초, 부유하지만 괴짜였던 부모와 함께 포장도로 하나 없던 아프리
카 남서부 칼라하리 사막 일대를 탐험했다. 그녀는 당시 문명인이라고는
만나 본 적 없는 수렵 채집 부족을 마주치게 되는데, 우리가 서문에서 사

진으로 소개한 !쿵족이다. 마셜 토마스의 말대로 사자의 공격에 대비하는 !쿵족의 삶 속에서 불침번은 일상이었을 수도 있다. 다만 이 이야기는 우리와 별 상관없어 보이는 야생적 삶이 어떤 것인지를 보여 주는데, 우리에게 잠을 자는 법을 가르쳐 준 것도 야생이었다는 것을 간접적으로나마 알려 준다.

그 외에도 마셜 토마스는 자신의 저서에서 !쿵족과 함께 생활한 경험을 상세히 소개했는데, 이번 장에서는 그녀의 저서에 나온 인간의 필수 조건들을 살펴보고 그에 따른 이야기를 나누고자 한다.

수면 부족

수면 부족 문제에 관한 한 로버트 스틱골드보다 더 잘 아는 사람은 없을 것이다. 미국 보스턴의 베스이스라엘에 위치한 수면 연구소를 운영하고 있는 그는 수면 연구 분야의 거장이다. 스틱골드는 데이터에 어떻게 접근해야 하는지, 데이터가 말해 주는 것이 무엇인지 잘 이해하고 있다. 그는 데이터를 통해 알아낼 수 없는 것이야말로 우리가 던지는 가장 근본적인 물음에 대한 답이 될 수 있다고 믿는다. 그리고 인간이 왜 잠을 자는지, 그 이유가 무엇인지 아는 사람이 없다고 말한다.

"성욕, 허기, 갈증의 생물학적 기능을 알아낸 지는 이천 년이 넘었지만, 잠에 관해서는 여전히 알려진 바가 없습니다. 다만 자신 있게 말할 수 있는 것은 잠은 미묘하여 알아차리기 어렵다는 겁니다. 그럼에도 불구하고 잠을 못 자면 죽어요. 쥐 실험을 보면 확실히 알 수 있죠. 하지만 수면을 연구한 지 이십 년이 지나도록 우리는 그 쥐들이 죽은 이유를 알아내지 못하고 있습니다. 사인 불명인 셈이지요."

스틱골드 말처럼 잠을 못 잔다고 신체의 일부가 잘못되는 것은 아니다. 다만 정신적으로나 육체적으로나 명백하게 드러나는 휴지기, 우리의 무사 안녕을 위해 날마다 거치지 않으면 안 되는 이 행위가 어떤 것인지 분명하게 밝혀진 바가 없다는 것뿐이다. 수면 부족이 야기하는 문제에 관해서는 더욱 광범위하고 전면적인 논의가 이뤄져야 할 것이다.

잠 을 못 자 면 뚱 뚱 해 진 다

스틱골드는 십여 년에 걸친 이라크전에서 미군들이 스니커스 초코바에 의존해서 싸웠다고 말한다. 미군의 첨단 기술을 총망라하여 치른 이라크전 참전 군인들은 수면 시간이 절대적으로 부족했고, 군 당국의 적극적인 주도로 군인들의 수면 부족에 관한 방대한 분량의 연구가 진행됐다. 지금까지의 결과에 의하면 수면 부족은 고밀도 탄수화물과 당분 섭취 욕구를 불러일으키는데 이는 우리가 영양을 다룰 때 두드러졌던 특징이기도 하다. 스틱골드는 이 현상을 재현하기 위해 수면 박탈 실험을 진행했다.

"피험자들에게 밤에 네 시간만 자게 한 뒤 당부하 검사를 했더니 당뇨병 전 단계 증상이 나타났을 뿐만 아니라 음식물 섭취량이 증가했다."

이는 인슐린 저항 증상으로 순전히 수면 부족 때문에 유발된 결과다. 비만과 수면 부족의 연관성은 오래전에 밝혀졌지만 그 원인을 규명하는 연구는 전무했다. 콜로라도 대학 연구팀의 논문에도 활동량이나 에너지 소모량에는 뚜렷한 변화가 없더라도 수면 부족만으로 체중 증가를 불러오고 인슐린 반응과 연관된 체내 신호 전달 경로를 방해하는 것으로 나타났다. 특히나 포만감과 관련된 호르몬인 그렐린식욕 증가 호르몬, 렙틴식욕 억제 호르몬, 펩타이드YY 식욕 억제 호르몬 분비에 이상이 생긴다는 사실도 연구 논문에서 밝혀졌다. 이 연구의 피험자들은 이후에도 먹는 양이 크게 늘었는데 여성의 경우 그 폭이 컸다. 또한 시간상으로는 밤 시간대에 음식을 찾는 경우가 많았다.

잠 을 못 자 면 병 이 든 다

수면 부족은 면역 체계를 망쳐 놓는 것으로 보인다. 이번에도 스틱골드는 피험자들에게 며칠 동안 잠을 못 자게 한 뒤, 실험군과 대조군에게 C형 간염 백신을 투약했다. 백신에 대한 항체 반응에서 수면 부족군의 항체가 대조군보다 50퍼센트 적게 형성됐는데, 이는 수면 부족군의 면역 체계 효능이 50퍼센트밖에 되지 않는다는 뜻이다.

스틱골드가 '미묘해서 알아차리기 어렵다'고 말한 것이 바로 이런 부분이다. 면역 체계의 기능이 약화됐다는 것을 보통은 알아차리기 어렵고 수면 부족과 감기를 서로 연관시켜 생각하기도 쉽지 않다.

"수면 부족이 사람을 죽일 수 있느냐고요? 그럴지도 모르죠. 하지만 정말 그렇다고 해도 그 관계를 밝혀낼 방도는 없어요."

잠 을 못 자 면 멍 청 해 진 다

그렇다. 수많은 연구와 이론이 이를 단적으로 증명했다. 수면이 부족한 사람들은 사실 정보 기억하기 능력 같은 간단한 기술 테스트에서 전반적으로 낮은 점수를 받는다. 하지만 수검자들에게 사실 정보를 학습하게 한 뒤 검사를 받기 전에 잠깐 잠을 재우면 수행 점수는 곧장 향상된다. 수면 과학을 성장 산업으로 이끌어 낸 실험 연구가 바로 이것이다. 이제 수면은 돈벌이에서도 중요한 문제가 되었다. 구글이나 나이키,

P&G, 시스코 시스템즈 같은 기업들이 직원들의 생산성과 창조성 향상을 위해 근무 시간에 직원들의 낮잠을 허용한 것만 봐도 알 수 있다. 경영 컨설팅 회사들은 이 분야의 연구 결과를 이용하여 잠이 성공의 필수 요소임을 강조하고 있다.

다만 이 양상은 오늘날 널리 퍼져 있는 실리콘 밸리의 기업 문화와 정면으로 충돌한다. 사무실에 틀어박혀 코드를 붙들고 밤낮없이 씨름하는 열정적인 엔지니어들이 억만장자가 되는 신화를 창조한 실리콘 밸리의 습성을 부정하는 것이기 때문이다. 그리고 이런 성공의 모범 사례에 스틱골드가 정면으로 도전하겠다고 나섰다.

그가 아는 학생들 가운데 실리콘 밸리 갑부들의 성공 신화를 쫓으며 매일 너덧 시간만 자고도 얼마든지 능력 발휘가 가능하다고 으스대는 학생들이 있었다. 스틱골드는 그들에게 업무 시간과 업무 성과를 기록해 보도록 제안했다. 얼마 지나지 않아 그들은 하루에 스무 시간씩 일해야 하는 이유를 알아차렸다. 수면 부족으로 능률이 떨어진 그들은 모든 일을 두 번씩 해야 했던 것이다.

수면의 힘

존 레이티는 아시아의 여러 학교로 강연을 다니면서 수면 문제를 직접 확인했다. 학생들은 밤늦게까지 비디오 게임을 하느라 극도의 수면 부족에 시달리고 있었다. 등교는 하지만 수업 참여는 저조하고, 밤이면 학원을 다니느라 잠을 빼앗기고, 다시 비디오 게임에 매달리는 악순환의 연속이었다.

잠은 우리 뇌에 일종의 휴지기를 준다. 외부의 소음과 새로운 정보의 유입을 차단하고 이미 들어와 있는 정보를 정리하여 이해하는 시간 말이다. 이런 관점에서 보면 잠은 망각을 위한 시간, 중요하지 않은 것을 치워 놓는 시간, 남아 있는 정보를 쳐내고 일정한 패턴을 세워서 뇌가 그것을 인식할 수 있도록 도와주는 시간이다. 이 연구 결과는 잠을 푹 자고 일어났더니 느닷없이 창조적인 아이디어가 솟구쳐 난제가 순식간에 풀리더라는, 전설처럼 회자되는 학자들의 경험담을 통해서도 알 수 있다.

스틱골드는 우리가 일상에서 흔히 겪을 수 있는 문제에 대해서도 설명해 줬다.

"가령 다른 도시에 있는 조건 좋은 직장에서 스카우트 제의를 받았다고 가정해 봅시다. 치밀한 성격의 소유자라면 도표를 그릴 겁니다. 여기 남는다, 이직을 한다, 플러스, 마이너스 따위를 기입하겠죠. 하지만 그런 걸로는 절대 도움이 안 됩니다. 다음 날 아침에 일어나서는 도저히 그 일은 못하겠다고 말합니다. 친구들이 왜냐고 물으면 그저 '나한테 맞지 않는 일이야'라고 말할 뿐 명확한 이유는 설명하지 못하죠."

당사자는 물론 배우자와 자녀가 얻을 이익과 치러야 할 대가, 단절될 각종 관계로 인해 미치게 될 영향, 가족과 떨어진 거리, 변화가 가져올 혼란 같은 것을 도표로는 담아낼 수 없다. 이런 요소들은 깔끔하게 분류되지 않을 뿐더러 숫자로도 계산되지 않는다. 얼마간 도움이 된다 하더라도 결국에는 과부하에 걸려 머리가 터질 것이다. 일상에서 요구되는 판단들은 덧셈 뺄셈으로 답을 낼 수 있는 산수 문제가 아니다. 그럼에도 잠을 자고 나면 해결되는 것은 잠자는 시간이야말로 우리 뇌가 풀리지 않는 문제와 씨름할 수 있는 가장 좋은 시간이기 때문이다. 우리 뇌는 잠을 자면서 중요한 정보만 골라 기억 속에 응고하여 통합함으로써 문제를 해결한다.

"우리 뇌가 정보를 두 시간 동안 받아들였다면, 그 정보의 의미를 이해하는 데는 한 시간의 수면 시간이 필요합니다. 그 시간을 얻지 못한다면 이해하지 못하고 끝나는 거죠. 영리함과 지혜로움의 차이는 하룻밤 사이에 두 시간을 더 자고 덜 자고로 결정됩니다."

스틱골드의 주장은 단순한 기억력 테스트로 보였던 또 다른 연구 결과에 힘입어 새로운 방향으로 나아가게 된다. 연구진은 수면이 부족한 사람들과 수면이 충분한 사람들에게 똑같은 이미지를 기억해 내는 실험을 했다. 부정적인 감정, 긍정적인 감정, 중립적 감정이 확연하게 드러나는 이미지들(복실복실한 강아지 사진이나 참혹한 전쟁 사진 등.)로 구성했다. 그리고 실험 결과, 수면이 부족한 사람들은 대체로 이미지를 기억하는 것에 어려움을 겪었지만 부정적인 이미지만큼은 명확하게 기억해 냈다. 이것은 곧 우울증과 연관되는데 우울증을 겪는 사람이라면 인생의 부정적인 면만을 기억하는 사람이라고 봐도 무방하지 않을까?

수면 부족은 비단 우울증을 유발하는 데서 그치지 않는다. 수면무호흡증은 호흡 장애로 인해 수면이 방해를 받는 증상인데, 수면무호흡증을 앓는 사람들은 흔히 우울증을 동반한다. 스틱골드는 숙면이 우울증 치료에 도움이 된다는 사실을 보여 준 연구를 언급하면서 수면무호흡증에만 약물을 처방하고 우울증에는 처방하지 않은 경우, 약물로 수면무호흡증이 치료되면서 우울증이 저절로 나았다는 것이었다.

수면은 외상 후 스트레스 장애post-traumatic stress disorder 환자들의 감정 기억 처리 영역에서도 극명하게 드러난다. 앞서 언급한 이라크전 연구 중에서 하루에 여덟 시간씩 수면을 엄수했던 트럭 운전병이 일반 사병에 비해 외상 후 스트레스 장애를 덜 앓았다는 결과가 입증된 바 있다.

외상 후 스트레스 장애는 기억의 산물, 기억의 질환으로 이것을 앓는 사람은 외상을 남긴 사건의 끔찍했던 장면이나 상황을 당장에 닥칠 위협처럼 생생하게 되살아나는 상태로 살아간다. 하지만 기억보다 강력한 잠의 힘을 빌린다면 자신을 괴롭히는 과거 경험을 본래 자리인 기억으로 돌려보낼 수 있을 것이다. 쉽게 말해 당장의 위협이 아닌 그냥 나쁜 기억이 되고 마는 것이다.

이제 우리는 어떻게 해야 하는가? 스틱골드의 주장에 의하면 사람은 하루 스물네 시간 중 여덟 시간 반은 반드시 자야 한다. 아침에 잠자리에서 일어나기 위해 귀가 찢어질 듯한 자명종이 필요하거나 목구멍이 타들어갈 정도로 진한 에스프레소로 첫 끼니를 때우고, 주말에는 잠에 취해 정신을 못 차린다면 십중팔구 잠이 부족하다는 뜻이다. 이런 모습을 보면 우리 몸의 항상성이란 경이로울 따름이다. 몸에 필요한 수면을 집행할 강력한 수단과 메커니즘을 보유하고 있지 않은가.

요는 간단하다. 졸리면 자라.

지렛대

테이텀은 샌디에이고 인근에 자리잡은 건강 리조트에서 자연과 접촉함으로써 자기 안의 자연을 되찾는 휴양 프로그램을 운영한다. 그를 이곳으로 이끈 것은 충분한 숙면이었는데, 그로 인해 수천 명이 건강하고 행복한 삶을 누리고 있다.

테이텀은 애틀랜타에 위치한 유서 깊은 스펠만 대학의 총장으로서 충전을 위한 건강휴가를 받은 참이었다. 건강휴가는 자기 자신을 보살핌으로써 총장직을 더 원활하게 이행하고, 다른 사람들(학생들)을 가르치는 일에 더욱 매진하기 위해 마련한 프로그램이다.

테이텀은 스펠만 대학에 오기 전, 마운트홀리요크 대학에서 학장을 역임했다. 직책상 과다한 업무와 날로 쌓여 가는 이메일 처리로 밤늦게까지 컴퓨터 앞에 앉아 있기 일쑤였다. 이후 스펠만 대학의 총장이 되고 나서는 답해야 할 이메일이 전보다 몇 배로 더 늘었다. 조찬에 정찬에 만찬까지 그가 꼭 참석해야 하는 자리도 늘어났다. 수면 시간이 너덧 시간으로 줄고, 운동할 시간마저 줄어 스펠만 대학에 온 후로 몸무게가 10킬로그램이나 불었다.

불어난 체중이 장시간 근무와 관계가 있으리라는 테이텀의 생각은 스틱골드의 주장과도 일치하는 얘기다. 과도한 근무 환경부터 개선해야겠다고 결심한 테이텀은 밤 10시면 컴퓨터를 끄고 잠자리에 든다는 철칙을 세웠다. 최소 일고여덟 시간 동안 잠을 잤고 운동 습관도 회복했다. 그러자 몸무게가 빠지기 시작했다. 체력이 회복되고 기분도 훨씬 좋아졌다. 삶의 여유가 생긴 테이텀은 자신이 겪었던 문제를 많은 학생이 똑같이 겪고 있다는 사실도 알게 되었다.

당시 스펠만 대학 학생들은 전미 대학 경기에 참석하기 위해 맹훈련 중이었다. 학생들의 스트레스는 날로 심해졌다. 또 이와는 관계없이 학생들의 비만 문제가 대두되었는데, 비만이 당뇨병과 심장병 발병에 관련이 있다고 생각한 테이텀은 강력하고도 단호한 결정을 내렸다. 우선 스펠만 대학은 전미대학 경기협회에 불참을 통보했고 학교 내 엘리트 운동선수 육성 프로그램을 폐지했다. 이 소식은 전국을 뜨겁게 달구며 논란을 불러일으켰다. 뿐만 아니라 전교생의 건강 증진을 위해 운동 및 식습관 개선 프로그램을 신설했는데 1,200여 명의 학생은 테이텀의 취지를 이해했다. 그리고 자신들의 건강한 삶을 받아들였다. 이것이 변화의 첫 걸음이었다.

변화로 가는 길은 한 걸음에서 시작됐다. 테이텀은 이를 '지렛대'라고 부르며, 자신은 지렛대 하나를 눌렀을 뿐이라고 한다. 그의 지렛대는 잠이었지만, 그것이 영양과 운동 부족 문제를 개선해야겠다는 결심으로 이어졌다. 그리고 스스로의 건강과 행복을 회복하자 자연스럽게 타인의 건강과 행복을 위해 힘쓰게 됐다.

꿈

잠이 좋은 것은 잘 알고 있다. 그렇다면 어떤 환경에서 어떻게 잠을 자야 하는가?

잠은 이미 '어떻게'의 문제가 '얼마만큼'의 문제 못지않게 중요한 것으로 밝혀졌다. 또한 인간이 자는 잠은 여러 단계로 이뤄지는데, 단계별로 뇌 활동 유형이 명백하게 구분될 뿐 아니라 각 단계별로 특정한 기능을 가진다. 이는 하나하나의 단계가 학습이나 기억 응고화에 반드시 필요하다는 뜻으로도 해석된다. 설령 하루의 이상적인 수면 시간이 여덟 시간 삼십 분이라 해도 어느 단계를 박탈당하게 되면 그 단계와 관련된 기능을 잃게 되는 것이다.

정상 수면이 어떤 것이라고 딱 잘라 말할 수는 없다. 다만 일반적인 패턴에서 단서를 얻자면 밤 11시에서 아침 7시 30분까지 외부 세계와 동떨어진 이 무덤 속과도 같은 고독 속에 홀로 고요히 파묻히는 것이다. 인류가 진화해 온 환경과 조건을 생각해 보면 참으로 괴이하기 짝이 없는 행동이다. 혹시 이 행동이 인간의 진화에 문제가 되지는 않았을까? 어쩌면 꿈이 이에 관해서 뭔가를 말해 줄지도 모르겠다.

꿈속에서 나쁜 일이 등장한다는 사실만 놓고 보면 잠은 결코 평화가 넘치는 세계가 아니다. 이에 관한 흥미로운 연구가 있다. 사람들이 많이 꾸는 꿈의 소재에는 공격적 행동과 위협적 행동, 폭력적 행동이 넘쳐난다. 우리는 햇살 좋은 날 토끼가 뛰놀고 나비가 날아다니는 풀밭에 앉아 있는 꿈보다는 험상궂은 악당에게 위협당하는 꿈을 더 많이 꾼다. 가령 공격적 행동이 꿈 내용의 약 45퍼센트를 차지하는 압도적인 표본 집단도 있다. 이 경우에 꿈꾸는 사람 자신이 피해자가 되기보다는 직접 공격 행동을 하는 가해자인 경우가 80퍼센트 이상이었다. 남녀 모두가 꾸는 폭력적인 꿈에서 공격자는 남성이나 남성 집단 또는 동물로 나타나는 경향이 있는데, 동물이 공격자로 나타나는 비중은 현대인에게서 가장 낮다.

반면 어린아이들의 꿈에서는 공포의 요소가 동물인 경우가 압도적으로 많다. 어린아이 꿈에 나오는 동물은 폭력적이고 위협적인데 개나 말, 고양이보다는 뱀이나 거미, 고릴라, 사자, 호랑이, 곰 등 훨씬 더 많이 나온다. 여기에서 더욱 흥미로운 것은 두 요소 모두 연령에 따라 변화를 보인다는 점이다. 다시 말해 동물에게 위협받는 내용은 어릴수록 보편적으로 나타나고 어린아이에서 성인이 되어 가면서 점차 줄어들며 어린아이가 꾸는 꿈의 내용이 서서히 현실 세계에 맞춰진다는 것이다. 어릴 때는 호전적인 동물의 공격을 무서워하다가 어른이 되면 방망이와 총 든 악당이 사자를 대체한다.

야생 동물을 본 적이 없어 동물의 공격을 무서워할 이유가 없는 어린아이도 같은 양상을 보인다. 이는 동물의 공격이 일상이었던 머나먼 시절에 대한 기억이 어린아이에게나 어른에게나 선천적으로 내장되어 있을 수도 있음을 시사한다. 콘크리트 건물이 즐비한 도시에서 나고 자란 아이를 사막에 데려가 생전 처음 보는 뱀을 던졌을 때, 본능적으로 방어적인 자세를 취하는 것처럼 말이다.

더 흥미로운 점은 동물적 본능이 유용한 환경에 사는 사람들 사이에서 더욱 예리해진다는 사실이다. 꿈 연구 결과도 이를 뒷받침한다. 우리 조상들이 어떤 꿈을 꾸었는가를 밝혀내는 가장 좋은 방법은 현존하는 수렵 채집 부족을 연구하는 것이다. 그중에서도 외부 세계와 접촉하기 전에 이뤄진 오스트레일리아의 아보리진과 브라질 중부의 메히나쿠 부족이 대표적인 연구 사례로 꼽힌다. 메히나쿠 부족은 실제로 꿈을 중요하게 여겨서 꿈 내용을 세세하게 기록하고, 다른 사람들과 꿈 이야기를 많이 하는 편이다. 메히나쿠 부족이나 아보리진의 꿈은 동물들에 공격당하는 내용이 압도적으로 많았다. 두 부족 모두 문명사회의 유사한 표본 집단보다 동물 꿈을 더 많이 꿨고, 그 빈도수는 문명사회의 어린아이들과는 거의 동일하게 나타났다. 따라서 어린아이의 꿈에서 동물의 비중이 감소하는 현상은 인간이 야생을 길들인 문명세계에 적응했음을 시사하는 증거로 볼 수 있다. 인간이 태어날 때는 야생의 꿈이 내장되어 있었지만 문명 속에서 성장하면서 그 꿈을 빼앗겨 버린 것이다.

그러나 남녀의 꿈 차이는 수렵 채집인들과 문명인들에게서 동일하게 나타났다. 수렵 채집 사회와 문명사회 양쪽에서 공격 상황과 동물 꿈을 많이 꾸는 것은 남자였다.

신경 과학자이자 철학자인 안티 레본수오는 잠이 무력한 상태의 휴지기가 아니라 뇌가 문제를 풀고 해결책을 고안하는 학습 처리 과정의 일부라고 보았다. 사람은 천적에 둘러싸인 환경에서 진화해 왔다. 진화 초기에 인간의 지위는 먹이사슬의 최상단이 아니었다. 현대인은 누군가의 고

깃감이 된다는 것이 어떤 것인지를 잊고 살지만, 먹잇감이 되어 쫓긴다는 것은 상상을 초월하는 공포로 다가올 것이다. 어리고 약한 어린아이들이나 어린아이들을 지키고 보살펴야 하는 어른들에게는 특히나 더 끔찍한 공포였을 것이다. 이러한 공포는 야생에서 사자나 회색 곰, 시베리아 호랑이를 직접 본 사람들의 이야기만 들어도 충분히 감지된다. 게다가 인류의 역사를 거슬러 올라가면 이런 동물이 수적으로 훨씬 더 많았고 지금은 멸종했지만 사자나 곰보다 훨씬 더 무시무시한 천적들도 수없이 많았다. 오늘날의 !쿵족들도 표범한테 잡아먹히는 경우가 왕왕 있지만, 그 일대에 서식했던 조상 표범들은 지금과 비교가 안 되게 거대한 몸집의 표범이었다. 그 거대한 덩치에 속도와 흉포함까지 갖춘 인육 짐승이 공격해 온다고 상상해 보라. 북아메리카 원주민들도 오늘날의 회색 곰보다 더 크고 빠른 검치 호랑이나 짧은얼굴곰과 더러 마주치고는 했다. 이런 환경에서는 천적을 다루는 기술이 생존에 대단히 유리한 기술이었고, 이것이 우리가 꾸는 꿈의 내용이 되는 것이다. 레본수어는 꿈이 위협적인 상황에 대비한 일종의 예행 연습이었을 거라고 추측한다. 위협에 맞서는 데 필요한 대응력과 기술을 우리 뇌가 미리 연습시켰던 것이다.

극도로 위험한 상황에 대처하는 행동은 번식 성공률을 높였다. 위협을 피하는 기술을 연마하는 데는 현실에서 겪는 위협적인 사건을 다양한 조합을 반복적으로 모의 실험하는 '꿈 연출' 메커니즘이 중대하게 작용했을 것이다. 일반적인 꿈, 어린이의 꿈, 반복적으로 나타나는 꿈, 악몽, 외상 꿈, 수렵 채집인들의 꿈 사례들은 우리의 꿈 연출 메커니즘이 실제로 위협적인 사건의 모의 실험에 특화되어 있음을 보여 주는 경험적 증거들이며, 꿈의 기능이 위험에 대비하는 예행 연습이라는 가설을 뒷받침한다.

수면 습관

수면을 연구하는 인류학자 캐럴 워스만은 인간의 수면 습관이 천적이 도사리는 상황 속에서 만들어졌다고 주장한다. 잠은 휴지기가 아니라 사람들과 유대를 형성하는 행동이고, 사자가 어디 있는지 망을 보는 행동이 그 증거 중 하나다.

워스만은 잠이 인간의 삶을 좌우하는 매우 중요한 문제임에도 인류학 문헌에서 이 주제가 거의 다뤄지지 않았다는 사실에 의아해했다. 결국 인간의 수면 문화를 조사하던 워스만은 스틱골드와 마찬가지로 잠에 대해서는 밝혀진 것이 거의 없다는 사실을 발견하게 됐다.

인류학적 관점에서 본 인간의 잠, 수면은 스틱골드의 현대인의 수면 연구 결론과 일맥상통하지만 강조점과 처방에서는 차이를 보인다. 인간이 하루 스물네 시간 중 여덟 시간을 자야 한다는 스틱골드의 주장에 동의하면서도 진정으로 중요한 것은 수면의 양이 아니라 '질'이라고 말한다. 워스만은 불면증을 호소하는 사람들이 실제로는 본인들이 주장하는 것보다 훨씬 긴 시간을 자지만 수면의 질은 현격하게 떨어진다고 한다.

"문제는 어떻게 하면 숙면을 취할 수 있느냐, 하는 거예요. 이 문제는 진화 과정에서의 수면 환경을 살펴보는 것이 도움이 될 것입니다."

그의 주장대로라면 수면 습관을 바꾸는 것만으로도 불면증을 해소할 수 있다. 수면 습관에 관한 연구는 반듯하게 누워 자는 수면 모델의 중요성을 시사하는데 밤 10시에 불을 끄고 반듯하게 누워 자명종을 설정하고 아침을 기다리는 수면 습관 말이다. 하지만 오늘날 이런 식으로 잠을 자는 문화권은 거의 없다.

적절한 수면 조건은 어떻게 형성되는 걸까? 우선 자신을 제외한 제3자가 있어야 한다. 그러고 나서 밀림 사자로 다시 돌아가 인간에게 적합한 조건이 어디에서 왔을지를 생각해 보자. 마셜 토머스는 !쿵족 부락에서 밤마다 불침번을 서는 장면을 묘사했는데, 맹수들이 도사리는 야외에서 밤을 보내는 !쿵족에게 불침번을 서는 것이 너무나 당연한 일과일 것이다. 우리 인류도 대부분의 시간을 그렇게 살았다. !쿵족이 정해진 순서나 규칙 없이 아무나 나가서 망을 보는 것처럼 보였지만, 그 기저에는 수학적 계산이 작용하고 있었다. 워스만은 현대인의 연령대별 수면 패턴 변화를 토대로 !쿵족의 수면 패턴을 계산을 해 보았다. 하루 중 시도 때도 없이 깨어나 자는 아기도 조금 자라면 성인과 거의 흡사한 스물네 시간 주기의 수면 패턴이 생긴다. 하지만 문화권을 불문하고 청소년들은 그들만의 주기를 갖는데, 청소년은 성인에 비해 늦게 자고 늦게 일어난다. 또 나이가 듦에 따라 수면 시간이 짧아지고 밤에 깨어 있는 시간이 많아진다. 수면의 연령대별 차이는 모든 문화권에서 일관되게 나타나는데 이 패턴들을 겹쳐 보면 공통된 무언가가 보이기 시작한다. 그리고 워스만은 모든 연령대가 골고루 분포해 있는 35명 규모의 집단에서는 하루 스물네 시간 내내 최소한 한 명이 깨어 있다는 결과을 도출했다.

이것은 단순히 깨어 있느냐 아니냐의 문제가 아니다. 인간의 뇌는 의식하지 못하는 상태에서 깊게 자는 숙면이 필요하다. 다만 문화권에서는 얕은 잠, 즉 즉각적으로 일어날 수 있는 경계 상태의 잠을 훈련한다. 얕은 잠은 현대인의 수면 연구를 통해 여러 수면 단계와 구분되는 특정한 기능을 갖는 것으로 분석되기 때문이다. 더욱이 !쿵족처럼 맹수들 사이에서 생존해야 하는 사람들에게 얕은 잠은 필연적인 문제가 아니겠는가!

이에 연구자들은 수면을 안구 운동 여부에 따라 빠른 안구 운동, 즉 렘REM, rapid eye movement 수면과 비렘 수면으로 분류하기로 했다.

렘 수면에 들면 뇌의 두 신경 경로가 공조하는 생화학적 메커니즘을 통해서 안구를 제외한 전신의 근육이 마비된다. 이는 혼수상태와 비슷한 상태로, 천적 등의 위협에 대응할 수 없을 정도의 무기력한 상태를 말한다. 연구자들은 렘 수면이 어떤 기능을 하는지 알아내지는 못했지만, 꿈을 꾸다가 근육이 제멋대로 움직여서 발생할 수 있는 부상을 막기 위한 것이 아닌가 추측한다. 왜냐하면 인간은 대부분 렘 수면 단계에서 꿈을 꾸는데, 이 마비를 차단하는 장애가 있는 환자들은 꿈을 꾸다가 다치는 경우가 종종 있기 때문이다.

워스만은 집단적 수면 형태가 대단히 중요했던 이유가 이 단계 때문이라고 말한다. 잠을 잔다고 해서 신경을 완전히 꺼버리고 의식이 없어지는 게 아니라 잠을 자는 동안에도 어려운 업무를 수행하기 때문이다. 다만 이것을 위해서는 수면의 상태를 바꾸는 조정 활동이 필요한데, 그러자면 상황을 살펴서 이제 신경을 끄고 외부의 위협으로부터 무력해져도 괜찮다고 말해 주는 신호를 읽을 수 있어야 한다. 따라서 잠을 제대로 자려면, 필요한 수면 단계를 거치는 동안 자신을 지켜 줄 각성 능력을 이용해서 주변에서 무슨 일이 벌어지는지 감시해야 한다.

완벽하게 방음된 방에서 자는 것은 어쩌면 최악의 수면법일 수도 있다. 그리고 이보다 더 최악의 상황은 다른 사람들로부터 고립되는 것이다.

합동 수면

워스만은 이집트에서 수면 연구를 하는 내내 수천 년 동안 도시에 정착해서 살아온 사람들과 만났다. 그가 이들을 피험자로 선택한 이유는 문명사회에서도 수렵 채집인들의 수면 패턴이 지속되는지를 알아보기 위해서였다. 이집트 사람들은 도시 지역에서든 시골 지역에서든 식구들이 다 같이 모여서 잔다. 대가족 전원이 큰 방에서 함께 자는 것, 워스만은 이 행위를 '합동 수면'이라고 불렀다. 단 합동 수면에도 예외가 있었는데, 사춘기에 접어든 아이들은 따로 재웠다. 이것은 인간의 수면 환경에 있어 아주 중요한 점을 시사해 준다. 이집트에서든 다른 지역에서든 사춘기가 지난 소녀와 소년은 따로 재우게 마련이다. 이모나 고모, 할머니가 십 대 소녀와 같이 자는 경우도 있지만, 혼자 자기 시작하는 청소년들은 남녀 할 것 없이 불면증을 비롯한 여러 형태의 조절 장애를 겪는 것으로 나타났기 때문이다. 또한 지금까지 조사한 바에 따르면 정서적 문제를 겪은 사람들은 모두 혼자 잔 사람들이었다.

많은 연구에서 비슷한 양상이 두드러지는 것을 보면서 우리는 왜 함께 모여 자는 것이 문화권의 보편적 특성이 됐는지를 이해할 수 있었다. 인간은 잠자는 동안 끊임없이 안전 단서를 확인한다. 사람들끼리 느긋하게 주고받는 대화, 느긋하게 움직이는 소리, 타닥타닥 화톳불 튀는 소리 같은 것 말이다. 지금은 안전하다고, 들릴락 말락 들려오는 신호들이 우리에게 이제 깊이 잠들어도 좋다고 말해 주는 단서인 셈이다.

사실 많은 문화권이 함께 모여 자는 수면법을 중시하는데 이 문제가 무엇보다 중요하게 부각되는 대상은 어린아이다. 즉 조절 수면이 필요한 가장 큰 이유 가운데 하나가 어린아이를 보호하기 위해서라는 말이다. 이 점을 강조하기 위해서 매번 맹수 이야기를 꺼낼 필요는 없겠지만 하이에나나 표범 같은 천적들은 인간 가운데서도 어린 먹잇감을 특히나 더 선호한다. 우리 조상들 가운데 영아 사망률이 높았던 것도 이런 이유 때문이었다. 마셜 토머스는 자신의 저서에 다른 사람들이 잠든 동안 화톳

불이 넘어져 크게 다친 아기의 사례를 기록해 놓았는데, 이런 사고는 진화의 역사 속에서 아주 흔하게 일어났을 것이다.

이 연구는 이것이 쌍방향으로 작용한다고 주장한다. 다시 말해 어린아이 스스로도 자기가 약하고 힘없는 존재라는 사실을 본능적으로 인식하여 무서운 동물이 공격하는 꿈을 꾸는 행동을 한다는 것이다. 어린아이는 성인보다 더 절박하게 안전 단서에 의존한다. 그런 점에서 다른 문화권 사람들이 서구에서는 아기를 아기방에 따로 재운다는 얘기에 아동 학대를 하는 게 아니냐며 질겁한다는 워스만의 이야기가 수긍이 간다.

진화 과정에서 우리 조상들이 택했던 수면법은 오늘날에도 유효하며, 어쩌면 이러한 진화적 배경을 혼자 자는 서구 문화에 대한 대안적 해법으로 삼아도 좋을 듯하다. 많은 인류학 연구를 통해 거의 모든 문화권이 불이 내는 소리에 민감하게 반응한 것이 밝혀졌는데, 불길이 아기들에게 위험해서만은 아니었다. 예컨대 타닥타닥 장작이 타던 소리가 바뀌는 것은 이글거리던 불길이 잦아들어 잔잔한 불꽃으로 안정됐다는 뜻으로 수면 단계를 경계 상태의 얕은 잠으로 전환해도 좋다는 신호로 작용했다. 그렇다고 우리가 불 가까이에서 자라고 권하는 것은 아니다. 진화적 배경을 재현하는 데 도움이 되는 비슷한 소리 패턴을 찾아보라는 것이다. 녹음을 이용하는 좋은 방법이다.

동물과 함께 자는 것도 좋은 방법이다. 목동들은 소의 되새김질 소리나 고른 숨소리를 들으며 자는데, 이런 소리는 망을 보는 동물이 주위에 천적이 없을 때 내보내는 소리로 사방이 평화롭다는 것을 알리는 신호다. 인류가 진화의 역사를 통틀어 인간의 파수꾼으로 가장 좋아했던 동물은 늑대다. 늑대는 인간에게 먹이를 얻어 먹으면서 서서히 길들여지다가 오늘날의 개가 됐다. 도심 밖에 사는 사람들은 밤새 개 짖는 소리에 잠을 얼마나 설쳤는지 모른다고 투덜대지만 그건 뭘 모르는 소리다. 우리는 개가 코 고는 리듬에서 평화와 안식을 얻어 왔고 아직도 많은 사람들이 그렇게 살아간다. 문제가 생기면 개가 짖음으로써 말해 주니 말이다.

결혼한 사람들이나 동물을 키우는 사람들이 더 오래 산다는 연구 결과는 어쩌면 이 사람들이 숙면을 취할 수 있는 환경 때문일지도 모르겠다.

수면 조건

진화 과정이 말해 주는 적정한 수면 조건에 대한 단서는 다음과 같다. 불규칙한 수면은 문제가 없다. 낮잠도 문제가 없다. 중요한 것은 안전하다는 느낌이다. 가능하다면 다른 사람들과 함께 자라. 애완동물과 함께 자는 것도 좋다. 심야 라디오에서 흘러나오는 말소리도 안정감을 줄 수 있다. 단 사이렌 같은 경고음은 피하라. 잔잔한 파도 소리처럼 안전한 소리를 권한다. 장작불이 잦아드는 소리도 좋다. 진짜 소리를 접할 수 없는 곳이라면 녹음된 소리를 사용해도 좋다. 밤이든 낮이든 상관없다. 불규칙한 수면 시간대를 걱정하지 말고 안전하다고 생각되면 자라.

다음으로 조명을 살펴보자. 조명이 잠에 직접적인 영향을 미치는 조건인 만큼 조명에 관한 연구도 많이 이뤄졌다. 인공 조명의 탄생은 농업의 발명에 비견될 정도로 엄청난 사건이었다. 특히나 낮과 밤의 길이가 크게 벌어지는 남과 북으로 장거리를 이동하는 사람들이 큰 영향을 받았다.

모든 생명체의 생명 활동을 낮과 밤뿐 아니라 계절 주기에까지 정교하게 맞춰져 이뤄지는데, 이런 활동 패턴을 일주율circadian rhythm이라고 부른다. 진화는 주기를 중심으로 작동하는 메커니즘을 인간의 몸에 층층이 심어 놓았는데, 이 메커니즘 연구를 통해 조명이 수면만이 아니라 건강 전반과 수명에까지 중대한 영향을 미친다는 사실을 알았다.

이 메커니즘은 상당히 단순하다. 햇빛이 눈 뒤에 있는 송과샘이라는 작은 분비샘을 비추면 멜라토닌이 분비되는데, 멜라토닌은 잠과 일주율을 좌우하는 호르몬이다. 햇빛의 밝기에 근접하는 인공 조명이라면 이 과정을 반드시 거쳐 가는데 우리가 일상에서 흔히 볼 수 있는 100와트 전구로도 충분하다는 것이 연구를 통해 밝혀졌다.(참고로 일반 사무실 조명의 밝기는 이 역치의 약 세 배에 달한다.) 이 밝기는 일련의 파장과 만나면서 더욱 증가하는데, 전자 기기나 텔레비전에 주로 사용되는 청색광 조명이 멜라토닌 분비에 안 좋은 영향을 준다. 청색광의 파장은 에너지 효율성이 높은 초절전 전구의 발광다이오드LED에서 더욱 강력하게 발산된다. 연구자들은 컴퓨터 모니터가 멜라토닌 분비에 영향을 미친다는 사실을 증명했는데 이들 전자 기기가 청색광 파장을 발산하기 때문이다.

하지만 단순한 전구의 영향도 결코 적지 않다. 전기 조명은 밤을 정복함으로써 교대 근무를 가능하게 만들었고 사람들이 스물네 시간 일하게 된 것이다. 잠들지 않는 도시에서 발생하는 소음도 우리의 휴식에 타격을 준다. 물론 피해의 근원이 소음인지 조명인지 분간하기 어려울 지경이다. 그렇다면 피해의 근원은 수면 부족일까? 아니면 강력한 일주율 교란일까?

근원이 무엇이든 피해는 존재하며 많은 연구가 이를 뒷받침하고 있다. 가령 주야 교대 근무를 하는 간호사들의 유방암 발병률이 더 높은 것으로 나타났으며, 결장암 발병률도 35퍼센트나 더 높았다. 야간 인공조명의 파괴적 효과가 우울증, 심혈관질환, 당뇨병, 비만과 연관된다는 사실을 보여 준 연구도 있다. 우리는 조명이 주의력결핍장애ADHD 같은 질환에도 막대한 영향을 미친다고 보고 있다. 다른 사람들과 함께 자는 환경을 조성하기란 쉽지 않겠지만 조명을 바꾸는 것은 어렵지 않다. 잠자리에 들기 몇 시간 전에 모든 조명의 밝기를 낮추고 텔레비전과 컴퓨터를 끄는 등의 간단한 조치만으로 효과를 볼 수 있다. 야간 근무를 요구한다면 직업을 바꾸는 것도 고려해 볼 만하다. 결장암 발병률을 생각한다면 이런 조치가 과하다고 여겨지지는 않을 것이다.

분명히 밝혀 두지만 우리는 햇빛을 흉내 낸 인공 조명을 사용하지 말라고 주장하는 것이 아니다. 중요한 것은 노출 여부가 아니라 타이밍이다. 조명에 노출되는 타이밍을 제어함으로써 자연의 밤낮 주기, 계절 주기와 흡사하게 생활하는 것이 중요하다. 이 처방은 뒤에서 다루게 될 자연과의 접촉이 가져다주는 이점과 연결된다. 햇빛을 받으며 야외에서 시간을 보내는 것은 밤에 조명을 끄고 우리 몸의 일주율을 지구 주기와 맞추는 것만큼이나 중요하다. 이것은 수면에 도움이 될 뿐 아니라 우리 몸의 정밀한 시스템 전반에 이롭게 작용할 것이다.

다시 수면 문제로 돌아가서 2차 수면이라는 개념을 살펴보자. 이것은 또다시 다른 주제들과 연결되는 흥미로운 개념이다. 인공 조명의 영향을 일절 차단했을 때 피험자들에게 어떤 일이 생기는지 알아보는 실험이 진행되었다. 실험 결과는 단 며칠 만에 많은 피험자들에게서 하나의 패턴으로 나타나기 시작했다. 피험자들은 원하면 아무 때나 잘 수 있게 됐지만, 대부분 저녁 8시에 잠자리에 드는 습관이 생겨났고, 자정 무렵에 몇 시간 깨어 있다가 다시 잠드는 '나눠 자기' 수면 패턴이 나타났다. 흥미로운 점은 산업 혁명 전 유럽의 문헌에서 동일한 수면 패턴, 즉 2차 수면 패턴이 등장한다는 사실이다. 당시 사람들은 이 중간 시간에 차분히 생각에 잠기는 명상을 하거나 성관계를 갖고, 이웃집을 방문하기도 했다.

이 시간은 친목의 시간으로, 인공 조명 없이 원활하게 가동되는 체내 시계에 의해 자연스럽게 마련되는 시간이었다. 또 연구자들은 다른 문화권에서도 이와 비슷한 수면 양상을 발견해 냈다.

우리는 수면을 통해 두 가지 중요한 교훈을 얻을 수 있었다.

첫째, 인간의 몸은 하나의 중요한 특정 행동에 맞도록 강력하게 설계되어 있다. 전기 조명 같은 인공적인 산업 문명을 제거한다면 인간의 몸은 저절로 치유될 것이다. 우리는 이 원칙이 수면 이외의 다른 측면들에도 적용될 수 있다고 믿는다.

둘째, 1차 수면(숙면)과 2차 수면(나눠 자기) 사이에 한 가지 생화학적 작용이 일어나는데 프로락틴 호르몬의 수치가 상승한 것이다. 프로락틴prolactin이 젖 분비lactation, 유당lactose과 어원이 같은 이유는 옥시토신(자궁 수축 작용을 하며 젖 분비에도 불가결한 호르몬)과 더불어 포유류의 수유기에 분비되는 주요 호르몬으로 처음 발견됐기 때문이다. 최근 들어 옥시토신은 대인 관계 및 부모와의 유대 관계를 촉진시키는 '사회성 호르몬'으로 통하는데 이 특성은 뒤에서 다시 살펴볼 것이다.

"성욕, 허기, 갈증의 생물학적 기능을 알아낸 지는 이천 년이 넘었지만, 잠에 관해서는 여전히 알려진 바가 없습니다. 다만 자신 있게 말할 수 있는 것은 잠은 미묘하여 알아차리기 어렵다는 겁니다. 그럼에도 불구하고 잠을 못 자면 죽어요. 쥐 실험을 보면 확실히 알 수 있죠. 하지만 수면을 연구한 지 이십 년이 지나도록 우리는 그 쥐들이 죽은 이유를 알아내지 못하고 있습니다. 사인 불명인 셈이지요."

chapter 6

야생적으로
생각하고
느끼며
살아가라

이십 년 전쯤 인류학자 리처드 넬슨이 들려준 일화는 인간의 사고 작용에 관해 많은 것을 일깨워 줬다. 넬슨은 수렵과 채집이 남아 있는 오지를 찾아다니기 위해 인류학을 선택한 학계의 이단아다. 넬슨이 초기에 선택한 거점은 혹한의 순록 수렵 부족인 코유콘 부족이 사는 알래스카 내륙이었다. 하지만 나중에는 알래스카 사람들이 '남동부'라고 부르는 따뜻한 군도로 옮겨 갔다. 내륙이 북극의 겨울과 짐승 가죽, 늑대와 빙하의 땅이었다면 남동부는 비와 삼나무, 바다표범과 연어의 땅이었다.

넬슨은 남동부에서 몇 년을 지낸 뒤, 코유콘 부족 몇 사람을 자신의 새 터전에 초대했다. 그러나 코유콘 부족 사람들과의 재회는 넬슨의 생각처럼 감동적이지 않았다. 그들은 낯선 주변 풍경에 압도되어 말문이 막힌 듯했고, 땅의 풀 한 포기도 놓치지 않겠다는 듯 섬 이곳저곳을 샅샅이 훑고 다녔다. 그렇게 며칠이 지나고 나서야 그들은 이야기를 시작했는데 그곳에서 몇 해를 살아온 넬슨조차 보지 못한 풍경에 대한 묘사와 통찰력은 상상을 초월했다. 고도로 깨어 있는 의식을 지닌 수렵 채집인들은 현재와 하나가 된 정신과 빼어난 관찰력으로 세상과 만났던 것이다.

한편 리처드 매닝은 오십 년 가까이 숲 속으로 짐승을 잡으러 다녔던 사냥꾼이다. 매닝 가족이 먹는 육류는 전부가 직접 사냥한 것이다. 그는 일 년 내내 컴퓨터와 휴대 전화에 매달려 살지만, 몸에 밴 사냥 경험 덕분에 순식간에 범접하기 어려운 의식 상태로 접어들곤 한다. 하지만 이런 사냥 경험은 코유콘 부족과 야생의 다른 부족들이 일상적 관찰과 경계 활동을 통해 획득한 고도의 능력에는 비할 것이 못 된다.

이 마음 상태는 한순간 스쳐 지나가는 현상으로 간주되어 데이터 분석이나 자연 과학 분야에서는 다루지 않는다. 하지만 야생 부족들과 현장에서 많은 시간을 보내는 연구자들에게 이런 의식 상태는 동경의 대상이다. 그들의 삶 속에는 현대 사회를 살아가는 사람으로는 상상하기 힘든 초자연적인 평화로움이 깃들어 있다.

시간이 흐르면서 수렵 채집인들의 의식 상태를 명상 수련자들에 비교해 보는 건 어떨지, 생각해 보았다. 명상 수련자들의 의식을 신경 과학 기술과 방법론에 접목한다면 그들의 의식 세계를 상세하게 연구할 수 있을 것이다. 문제는 우리가 아는 한 현존하는 수렵 채집인들은 명상 수련을 하지 않는다. 그럼에도 명상 수련자들에 관한 연구를 시도하려는 것은 규칙적인 삶의 방식을 취하는 수렵 채집인들의 의식 상태를 매일 일정한 시간을 정해 두고 규칙적으로 수행하는 그들이 일부 대변해 줄 수 있으리라는 기대 때문이다. 또한 이 연구를 통해 현대인들의 일상에서 적용할 수 있는 방법을 찾아볼 수 있을 거라고 생각한다.

명상

리처드 데이비슨은 1970년대에 접어들면서 명상을 시작했다. 당시 하버드같이 수준 높은 대학에서 심리학처럼 진지한 학문에 몰두하던 학자라면 명상 같은 것은 거들떠보지 않던 시절이었다. 게다가 인간의 감정과 정서 따위는 심리학의 연구 대상조차 되지 않았다. 그는 저서 『너무나 다른 사람들 *The Emotional Life Of Your Brain*』에서 이렇게 말했다.

"냉정하고 계산적인 인지 심리학 어디에도 감정이나 정서가 끼어들 자리는 없었다. 그들에게 정서란 그저 헛소리에 불과했다. 그들의 태도에는 인지 활동을 수행하는 뇌에 어쩌다 이런 잡동사니가 굴러들어 왔을까, 하는 오만한 경멸이 깔려 있었다."

데이비슨은 당시 심리학과에는 존재하지 않았던 신기술인 뇌 전도에 매달렸다. 다양한 뇌 부위의 활동을 측정하는 기술을 통해 그는 뇌 안에서 정서의 물리적 실체를 추적한 것이다. 또 사람의 행동을 몸에서 일어나는 물리적 반응과 연결하기 위한 심박수와 호흡도 측정했다. 감정의 신경 전달 경로를 지도화하는 작업은 바로 이런 발상에서 시작됐다.

또 동료 학자들과의 대화나 연구 활동에서 명상에 대해 침묵했지만 은밀하게 사람들을 모아 명상 수련을 지속했다. 그렇게 데이비슨을 주축으로 명상 수련이 이뤄지던 보스턴의 한 창고 주택은 이후 과학계가 명상 수련을 불신하게 된 진원지가 되었다.

수행과 연구를 분리한 데이비슨은 공포와 불안, 우울 같은 정서 상태를 연구 주제로 삼았다. 뇌 전도 기술을 이용하여 다양한 정서 유형을 뇌의 특정 부위와 연결하는 획기적 작업을 논문으로 발표하고, 새로운 분야를 개척해 나갔다. 연구 초창기에 그가 명상을 연구 주제로 삼지 않았던 데에는 신경 과학 기술이 아직 그런 작업을 수행할 만한 수준에 이르지 못했다는 점이 얼마간 작용했지만 한편으로는 자신이 명상 수련을 한다는 사실을 공공연하게 밝히기 어려웠던 이유도 있었다. 결국 데이비슨은 그동안의 연구 과제를 뒤엎고 명상에 파고들었다. 이는 그 스스로도 '커밍아웃'이라고 이름 붙일 만큼 파격적인 행보였다.

지하 생활을 박차고 나온 데이비슨의 행로는 거침이 없었다. 컴퓨터, 뇌파 측정용 전극, 발전기, 배터리팩 등 그야말로 차 수십 대 분량의 장비를 셰르파들에게 짊어지게 하고서는 힌두교의 성자와 구루들을 찾아 히말라야의 험산 준령을 며칠씩 행군했다. 데이비슨은 세상에서 가장 높은 경지에 도달한 명상 수행자(티벳 불교 수행자)들의 뇌파를 측정하기 위해 인도 다람살라 근처에 연구 기지를 꾸렸다.

데이비슨은 그들을 속세와 완전히 차단된, 정신 세계의 올림픽 선수들이라고 정의했다. 그 자체로 극단적인 표본이자 이단아인 그들이 우리 같은 세속인들에게 어떤 것을 보여 줄지 기대되는 흥미진진한 프로젝트였다. 그러나 그의 야심찬 계획은 실패로 돌아갔고 1992년, 그의 연구 대상이었던 달라이 라마 14세 텐진 갸초로부터 묵직한 화두를 받아들게 되었다.

뇌 전도를 통해 정서의 실체를 밝혀낸 것처럼 명상을 과학적으로 분석할 수 있는가?

그는 텐진 갸초의 질문에 답하기 위해 그동안 알고 지낸 티벳 승려들을 부추겨 이 실험에 참여시켰다. 최소 일만 시간의 명상을 수행한 티벳 승려들은 일생에 걸쳐 최소 한 차례는 삼 년 안거(명상 이외에는 아무것도 하지 않는 집중 수행으로, 안거 장소를 떠나는 법 없이 삼 년 동안 매일같이 하루 여덟 시간을 명상만 하는 것)에 돌입했다. 그중에는 명상으로 오만 시간 이상을 보낸 승려도 있었다. 여하튼 명상으로 뇌가 변화하는 게 맞다면, 이들의 뇌에 분명한 변화가 나타나야 옳을 것이다. 그리고 이들의 뇌는 역시나 달랐다!

이 무렵에는 fMRI를 통해 더욱 진보한 뇌 영상 촬영이 가능해졌다. 뇌전도가 뇌의 표면 활동을 측정할 수 있었다면, fMRI는 뇌의 활성화 부위를 더 구체적으로 볼 수 있었다. 데이비슨 연구소의 연구자들은 승려들에게 fMRI튜브를 연결한 뒤 명상하는 순간과 명상하지 않는 순간을 나눠 그들의 뇌 구조를 기록했다. 또한 여자의 비명 소리처럼 번민을 일으키는 소리를 명상 도중에 무작위로 집어넣어 그들의 반응을 기록했다. 대조군 피험자들에게도 동일한 방식으로 fMRI영상을 기록했다.

영상 기록에 따르면 여자의 비명 소리에는 대조군보다 승려들이 더 격하게 반응하며 특정 부위가 활성화된 것으로 나타났다. 여기서 특정 부위란 측두엽과 후두엽이 만나는 지점으로 공감 능력과 타인 수용 능력을 관장하는 부위다. 그리고 이 반응은 승려들이 명상하고 있을 때와 명상을 하지 않을 때 같은 정도로 나타났다. 또 대부분의 실험에서 승려들과 대조군의 반응 차이가 큰 것을 확인한 데이비슨은 감정 이입이 이토록 강하게 일어나는 경우는 처음 보았다고 했다. 오랜 기간 뇌파를 분석해 오면서 뇌파가 얼마나 미세하게 움직이며, 얼마나 읽어 내기 어려운지를 익히 알고 있었던 연구진에게는 대단히 놀라운 결과였다. 대개 뇌파는 그 차이가 아무리 큰 경우에도 육안으로 간신히 판독할 수 있는 수준이거나 컴퓨터로 확대해야 판독이 가능한 수준이다. 데이비슨은 이 연구에 관한 인터뷰를 진행하는 자리에서 이렇게 말했다.

"정말로 입이 다물어지지 않더군요. 그 변화가 얼마나 또렷하고 급격한지 육안으로도 대번에 확인할 수 있었어요. 상상도 할 수 없었던 결과였습니다. 뇌파가 우리 눈에 직접 신호를 보내는 것 같았어요."

하지만 이 결과만으로는 '명상이 뇌를 정말로 변화시키는가?'라는 궁극적 질문에 답하기 어려웠다. 대상이 너무 특수하다 보니 연구 결과를 일반화하기가 어려웠던 것이다. 이 승려들은 보통 사람들은 감히 생각도 하지 못할 생활을 긴 세월에 걸쳐 영위해 온 사람들이다. 명상으로 뇌의 공감 능력이 더 높아진다 한들 어느 누가 생계를 내팽개치고 오지의 동굴 속에 들어가 명상만 하고 있겠는가?

승려들을 대상으로 한 이 실험을 통해 그가 얻은 것은 앞으로의 연구 방향뿐이었다. 데이비슨은 다시 무작위로 실험 참가자들을 뽑아 속성 코스로 명상을 가르친 뒤 그들에게 fMRI튜브를 연결했다. 이 실험 기록은 그냥 보기에도 판독 가능한 뇌 활성화 패턴을 보여 줬는데, 피험자들의 불안과 우울이 감소한 것으로 나타났다. 이 역시도 예상하지 못한 결과였다. 또 다른 실험으로 연구자들은 명상 경험자군과 대조군에게 똑같이 독감 백신을 투약했는데, 명상자군의 면역 반응이 더 강하게 나타났다. 명상 초심자에 불과했는데도 말이다. 뿐만 아니라 데이비슨의 실험은 항우울제 투약에도 명상 경험자들이 더 효과적인 반응을 나타났음을 밝혀냈는데 이들의 치료 속도가 대조군보다 네 배나 더 빨랐다. 이는 뇌와 몸이 연결돼 있다는 가설을 더 분명하게 뒷받침하는 결과였다.

지금까지 언급한 연구 결과들은 명상이 수렵 부족인들의 의식 상태와 유사하다는 것을 짚어 준다. 명상이라면 흔히들 휴식 상태라든가 세상에서 물러나 멈춰 있는 상태를 떠올리고 긴장을 완화시키는 수단으로 생각한다. 그러나 명상이란 지금 이곳에 주의를 집중하는 각성 활동이며, 야생에 사는 사람들이 자연에서 살아남기 위해 필요했던 의식 상태다.

데이비슨은 자신의 연구 결과를 '주의 깜박임 attentional blank'이라는 현상을 통해 보다 구체적으로 설명한다. 우리는 어디에서 뭘 하든 끊임없는 정보의 파도에 휩쓸려 살아가는데, 그 가운데 중요하고 무엇이 필요한지 골라 내는 것은 전적으로 개인의 선택이다. 수많은 정보 속에서 지금 상황이 위협인지 기회인지, 저 앞에 있는 것이 사냥감인지 걸림돌인지 알아 보는 실험이 있다. 심리학자들은 이 행동을 알아보기 위한 표준 테스트로 글자와 숫자를 무작위로 줄줄이 읽어 주면서 숫자가 들릴 때만 답을 하라고 주문했다. 이 단순한 과제에서는 대부분이 정답을 맞혔지만 숫자가 빠르게 연이어 나올 때는 정답률이 떨어졌다. 물론 사람은 어떤 표적을 확인하는 데 일정한 정신적 에너지가 소모되고 에너지를 재충전하는 데 시간이 걸린다는 것을 가정했다. 속사 촬영을 할 때 카메라의 플래시가 바로바로 터지지 못하는 것과 같은 이치다. 주의력이 약한 사람들은 연이어 나온 숫자를 놓치는 주의 깜박임이 발생한다. 데이비슨의 실험에서는 명상자들의 주의 깜박임 횟수가 적어 더 높은 점수를 받았다. 이런 결과를 보면 명상이 희열이나 휴식 상태가 아니라 깨어 있는 의식 상태, 즉 지적 역량을 발휘하는 상태임을 알 수 있다.

지각 능력의 향상이 명상의 척도라는 점은 초창기 실험에서 일찍이 밝혀졌으며, 신경 과학적 특징으로 인정받을 정도로 널리 증명되고 있다. 명상할 때의 의식 상태를 살펴보면 감마파가 뇌 전체 영역에서 동시에 나타나는 특성을 띤다. 감마파는 다른 뇌파에 비해 고주파로 나타나지만, 흥미로운 것은 뇌 전역에서 동시에 발생한다는 사실이다. 뇌는 수많은 주파수로 온갖 방향에 신호를 쏟아 내는 복잡한 뇌파의 불협화음으로 움직이는데, 활동 중인 정신의 뇌 전도가 보여 주는 것이 바로 이런 그림이다. 그러나 관현악단의 연주자들이 악기를 조율하면서 무질서한 소리를 내다가 연주가 시작됨과 동시에 화음을 연주하는 것처럼 명상을 하면 무질서하던 파동들이 공통된 패턴으로 동기화되어 안정되는 효과가 있다.

'신경 회로'라는 용어를 들으면 뇌를 일종의 회로판, 그러니까 뉴런신경 세포 들이 미세한 전선들로 연결되어 있는 회로를 떠올리기 쉽다. 하지만 이 심오한 효과를 설명하는 데는 라디오에 빗대어 설명하는 게 훨씬 적합할 것 같다. 각각의 뉴런을 일정한 주파수로 맞춰진 라디오처럼 뇌 어딘가에서 발생한 일정한 파장을 이 회로가 수신하는 것이다. 동기화된 파장은 더 큰 신경 회로를 모으게 되는데, 이는 그 채널에 더 많은 세포가 맞춰져 있기 때문이다. 데이비슨은 이것을 '위상 결속phase-locking'이라고 부른다.

"뇌가 소음 속에서 동기화하지 못하고 배회한다면 외부에서 자극이 들어와도 배경 소음 속에 묻히기 십상이다. 돌멩이를 창창한 바다 한가운데에 던졌을 때 잔물결만 일어나는 것처럼 말이다. 이미 격랑이 치고 있는 바다에서 그런 자잘한 물결을 감지해 내기란 쉽지가 않다. 그러나 잔잔한 호수에 돌멩이를 던졌을 때 일어나는 파문은 사막의 바다코끼리처럼 곧장 눈에 띌 것이다. 고요한 뇌는 잔잔한 호수와 같다."

데이비슨의 말대로라면 정신 건강이나 정신질환도 같은 개념으로 생각해 볼 수 있다. 와글와글, 재잘재잘 의미 없는 잡음이 뇌 속에서 배경음으로 끊임없이 깔리고 있다고 생각해 보자. 대화를 어렵게 만드는 사람 많은 레스토랑의 소음처럼 말이다. 이런 상태는 정신 분열증, 조울증, 자폐증, 지적 장애, 뇌 손상 같은 정신적 문제와 관련이 있다. 이러한 문제를 겪는 사람들은 잔잔한 호수에 던져진 돌멩이의 파장을 제어하지 못하는 상태가 되고, 정신적 반향실에 들어온 소음이 울려 퍼지다가 견딜 수 없는 수준의 아우성으로 치솟으며 병적 행동을 일으키는 것이다. 이때 나오는 병적인 행동은 내면의 소음을 극복하기 위한 몸부림이다. 이 문제를 다룬 존의 초기 논문에서 이 폭풍을 잠재우는 방법으로 몸을 진정시키는 다양한 방법을 제시했는데, 이 역시 몸과 정신이 연결돼 있다는 생각에 맞닿아 있다. 명상은 정신의 배경 소음을 잠재워 주는 훨씬 더 직접적인 방법이다. 즉 명상은 정신을 쉬게 위한 활동이 아니라, 정신을 정면으로 주시하는 활동이다.

의식 상태

2005년에 개최된 어느 학술대회에서 나왔던 이야기가 존 카밧진과 데이비슨이 엮은 책 『우리 마음속의 의사 The Mind's Own Physician』에 잘 담겨 있다. 이 책은 신경 과학과 마음 챙김이 만나는 지점을 잘 보여 주는 개론서인데 명상뿐 아니라 마음 챙김에 관한 포괄적인 통찰을 담고 있다. 이 학술대회에서 에모리 대학의 정신과 교수 헬렌 메이버그는 우울증의 구체적인 신경 회로를 추적했는데, 그녀는 명상이 아닌 인지 행동 치료를 통해서 신경 회로가 어떻게 변화하는가를 보여 줬다. 그리고 이 토론이 유명세를 탄 것은 스탠포드 대학의 신경 물리학 교수 로버트 사폴스키가 참여하면서 일층 더 확장되고 풍성해졌기 때문이다. 스트레스 연구 분야의 권위자로도 명성이 높은 사폴스키 교수는 코르티솔 호르몬을 추적하여 스트레스의 근원을 밝히는 연구에 매진해 왔는데, 코르티솔은 스트레스의 생체 지표biomarker로 널리 알려져 있다.

사폴스키의 연구에서 가장 유명한 피험자는 아프리카 야생에 사는 개코원숭이일 것이다. 그는 주기적으로 개코원숭이들의 혈액 샘플에서 코르티솔을 측정했는데, 개코원숭이들도 험한 야생에서 살아남느라 스트레스가 큰 것을 알 수 있었다. 그들의 스트레스 원인은 서열이었다. 개코원숭이 사회는 힘센 수컷 대장이 절대 권력을 누리며 무리 안의 다른 원숭이들을 끊임없이 괴롭히는 폭력적인 위계 사회다. 사폴스키는 개코원숭이들이 스트레스에 시달리는 이유가 사람이 스트레스를 받는 이유와 대동소이하며, 먹이 부족이나 천적과는 별 상관이 없는 문제라고 결론을 내렸다.

여기에서 두 가지 중요한 사실이 드러난다. 하나는 스트레스가 우두머리들의 통제력 행사와 관련된 문제라는 점이다. 그러나 만성 스트레스와 관련해서 또 하나의 중요한 점이 있다. 개코원숭이 사회에서는 호전적 행동과 무자비한 처벌이 그들만의 생존 방식이었다. 적어도 개코원숭이들에게는 그랬다. 사폴스키는 결핵에 감염된 개코원숭이 무리의 질병 추적을 통해 우두머리급 수컷들만 결핵에 감염됐다는 사실을 발견해 냈다. 감염된 대부분의 수컷이 죽은 뒤 살아남은 개코원숭이들은 폭력성 없는 분위기에서 살아가고 있었다. 평화가 승리한 것이다. 그렇다고 그들의 삶에서 스트레스가 완전히 사라졌다는 것은 아니다. 스트레스가 더 이상은 그들의 삶을 지배하지 않게 됐다는 얘기다.

스트레스라면 사람들은 고개를 절레절레 내젓지만 스트레스가 전혀 없는 생활은 사실 이상적인 상태가 아니다. 사폴스키는 다음과 같이 말했다.

"한두 시간 정도의 스트레스는 우리 뇌에 좋은 일을 하기도 합니다. 더 많은 산소와 포도당이 뇌로 공급되는 거죠. 기억을 관장하는 해마도 스트레스를 받을 때 일시적으로 기능이 향상됩니다. 뇌에서 더 많은 도파민을 분비하거든요. 스트레스 초기에 우리가 쾌감을 느끼는 것도 도파민 때문입니다. 기분은 좋고 뇌는 더 잘 돌아가죠."

여기에서는 도파민이 아주 중요한 지표다. 도파민은 우리 뇌의 보상 회로에 모여 있는 신경 전달 물질로, 무언가에 몰입하고 기쁨을 느끼는 데 중요한 역할을 한다. 도파민 분비는 스트레스에 관한 놀라운 사실을 말해 준다. 사폴스키는 개코원숭이 실험을 소개했는데, 개코원숭이 한 마리에게 막대를 누를 때마다 보상을 주는 아주 단순한 실험이었다. 그런데 보상을 임의적으로 줬다 안 줬다 하는 스트레스 상황과 비교했더니 막대를 누른 횟수가 대략 절반밖에 되지 않았다. 실험 결과 원숭이는 스트레스 상황에서 더 많은 도파민을 분비한 것으로 나타났다. 보상이 절반으로 줄었을 때 더 큰 쾌감을 느꼈고, 보상이 불규칙적이라 기대하지 못했을 때 더 큰 쾌감을 느꼈다는 얘기다. 따라서 우리의 신경 회로는 깨어 있는 의식 상태와 뜻밖의 보상에 쾌감을 느끼도록 설정돼 있으며 스트레스도 이 두 조건에 호응한다는 것이다.

이후 스트레스를 측정하는 호르몬인 코르티솔보다 더 흥미로운 척도가 발견됐는데 바로 텔로미어. DNA말단의 보호캡 역할을 하는 텔로미어는 세포가 증식하고 재생산하는 동안 벌어지는 무수한 분열과 재조합 과정에서 DNA가 손상되지 않도록 보호해 주는 역할을 맡고 있는 것으로 짐작된다. 말하자면 유전자의 암호를 지켜 주는 것이다. 그러나 나이가 들면 텔로미어도 점차 닳아 없어지는데, 이로 인해 우리 몸이 처지고 주름진다. 우리는 이를 노화라 부른다. 바꿔 말하면 텔로미어가 닳아 없어지면 노화가 촉진되는데 텔로미어는 시간만이 아니라 생활 조건으로도 손상될 수 있다. 불규칙한 식습관, 수면 부족, 관계 파탄, 비만, 책상에서 꼼짝 않는 생활습관은 텔로미어를 손상시켜 우리의 시간을 앞당기는 주범들이다.

스트레스는 우리 몸이 텔로미어를 보호하기 위해서 분비하는 효소다. 도파민이 쾌감과 행복감의 신호라면, 텔로미어의 존재는 우리의 생체 시계가 노화를 향해 질주하지 않는다는 신호다. 2010년 한 연구진은 명상 수행에 참여한 사람들의 텔로미어가 유의미하게 상승했음을 보여 주는 결과를 발표하기도 했다.

만성 스트레스, 그러니까 대다수 현대인의 일상을 지배하는 스트레스는 쾌감을 주지 못한다. 다만 평온한 삶에서 희비가 교차할 때 발생하는 스트레스는 우리에게 쾌감을 줄 수 있다. 사폴스키는 스트레스가 전혀 없는 삶이 바람직한 것은 아니라고 말한다. 또 명상을 하는 동안 평화로움을 유지할 수 있는 것은 이렇다 할 사태에 대비하는 자세로 의식이 깨어 있기 때문이다.

이처럼 '대비하는 자세로 깨어 있는 의식 상태'는 수렵 채집인들의 상태를 정확하게 요약하고 있다. 진화는 인간의 몸이 이런 상태에 도달했을 때 보상을 받도록 설계된 것으로 보인다. 이상적인 상태는 소음이 있느냐 없느냐, 스트레스를 받았느냐 안 받았느냐, 배불리 먹었느냐 굶었느냐, 깨어 있느냐 잠들었느냐의 어느 한쪽이 아니라, 두 상태의 중간이라고 봐야 할 것이다. 그리고 더 중요한 것은 그 사이에서 줄타기를 할 수 있도록 우리 몸이 준비되는 것이다.

공감 능력

다양한 문화와 개성을 통해 걸러진 오랜 전통은 다양한 명상법을 낳았다. 많이들 하는 명상법 가운데 하나는 그냥 앉아서 생각이나 소리, 주변 상황 그 어느 것에도 통제하지 않으면서 관찰하며 의식하는 것이다. 또 다른 명상법은 한 가지 감각에 특별히 더 집중하는 것이다. 일반적으로 호흡에 집중하는 경우가 많은데, 눈 바로 뒤 머릿속에 하나의 점을 상상하고 거기에 강하게 집중하는 방법이다.

하지만 명상 수련 자체는 그 어떤 특정한 목표도 추구하지 않고 인격의 도야도 명상의 목적이 아니다. 명상 수련은 기억술이나 선문답이나 문제 해결 같은 정신적 기예를 훈련하는 것이 아니다. 자아의 중심을 더 올바르고 경건하게 정립해야 한다고 가르치지도 않는다. 다만 생각이 흘러다니는 회로판을 고요하게 만들고자 하는 것뿐이다.

괴언으로 들리겠지만, 정신이 아무것도 하지 않도록 훈련한 것이야말로 기억력과 인지 능력을 향상시키고 신체를 건강하게 만들어 주는 게 아닐까? 마음을 고요하게 했더니 면역 체계가 강화되더라고 말이다. 실제로 최근의 연구는 명상이 뇌 물질 증가와 연관이 있음을 보여 줬다. 학습, 기억, 감정 조절과 연관된 뇌 부위에서 회질이 증가했다는 연구 결과도 남아 있다.

운동으로 근육이 변화하듯이 명상으로 뇌가 변화했다는 얘기인데, 이 말은 사실이다. 신경 과학이 밝혀낸 신경 가소성과 신경 생성이 뜻하는 바가 바로 그것이다. 하지만 명상 하나만으로 뇌가 재생됐다고 이야기하는 것은 곤란하다. 실제로 다른 모든 요인들이 뇌의 변화에 기여하며 그중에서도 가장 중요한 것은 타인과의 관계다. 어린 시절에 얼마나 건강한 관계를 맺느냐가 우리 뇌의 건강 수준을 결정한다.

대화 치료 같은 정신 요법이나 운동, 풍부한 영양 섭취와 달리 명상은 뇌의 건설 과정에 개입하여 의도적으로 뇌 조직을 형성시킨다. 우리가 개를 훈련시키지 않으면 개가 우리를 훈련시킨다는 말이 있듯이 우리 뇌도 그러하다. 명상 연구를 비롯한 신경 과학 분야의 연구 결과들은 주도적인 훈련을 통해서 우리가 원하는 대로 뇌를 다시 만들 수 있다고 말한다. 데이비슨은 자신의 실험실에서 터득한 바를 다음과 같이 전했다.

"스스로 자신의 뇌에 더 많은 책임을 져야 한다. 자신이 의도한 방향으로 정신을 집중할 때, 뇌는 우리의 손길이 닿는 대로 조각될 것이다."

명상은 일종의 구성 부품을 조정하고 정비하는 과정이다. 그런데 이 과정은 우리가 거듭 이야기한 진화의 역사, 인간의 특성과 완전하게 일치한다.

심리학자들은 이것을 측정하는 간단한 게임을 고안했다. 이 게임은 피험자들에게 50달러를 주고, 다른 피험자들이 하는 것에 따라 이 돈을 나눠 줘야 하는 3자 관계를 설정한다. 그러고는 피험자들 모르게 셋 중 한 사람이 돈을 내지 않은 것처럼 꾸며 놓고 그 사람이 내야 할 몫을 내지 않은 데에 벌을 줬다. 피험자가 할 수 있는 선택은 자기 돈 일부를 내놓아 돈이 공평하게 분배될 수 있게 하는 것이었다. 이 실험이 얼마나 현실적이었는지 평소 형편이 쪼들리던 대학원생 피험자들에게 게임이 끝난 뒤 남은 현금을 가져가라고 할 정도였다.

데이비슨은 무작위로 선발한 학생들에게 단기 명상 훈련을 받게 하고 이 게임을 실시했는데, 며칠 지나 다시 한 게임에서는 학생들이 더 많은 돈을 내놓았다. 연구자들은 이것을 공감 능력을 측정하는 척도로 여겼다. 명상 수련은 피험자들에게 공감 능력이나 공평 무사함, 배려심을 더 키우라고 말하지 않는다. 사실 그렇게 할 수 있는 기술은 없다. 그저 명상을 통해 스스로의 정신을 차분하게 가라앉힌 것뿐이다. 너저분했던 정신을 맑게 정화하고 나니 진화가 설계한 기본 설정값, 즉 타인의 처지에 공감하는 상태로 되돌아간 것이다.

일상의 마음 챙김

엘렌 랭거는 심리학계에서 '마음 챙김'이라는 용어를 대중에게 알린 학자로 알려져 있다. 마음 챙김이란 개념을 평범한 일상 속에서 직접 느낄 수 있게 해 준 랭거의 두 실험 또한 유명하다. 랭거는 호텔의 객실 담당 여성들을 표본 집단으로 선정한 뒤, 피험자들에게 현재 운동을 하고 있느냐고 물었다. 대다수는 아니라고 답했지만, 그들의 업무 자체가 몸을 많이 쓰는 일이라서 보건부의 건강한 신체 활동 지침에 부합하는 수준이었다. 랭거는 그들의 체지방, 허리 대 엉덩이 둘레 비율, 혈압, 체중, 체질량 지수를 측정한 뒤 피험자들을 두 그룹으로 나누었다. 한 그룹에게는 청소와 정리정돈 업무를 운동이라는 인식으로 할당했고, 다른 한 그룹은 온전히 일로서 할당했다. 한 달 뒤 랭거는 피험자 전원에게 식단이나 운동에 변화를 준 것이 없는지 확인한 뒤 위의 항목을 재측정했다. 운동을 한다는 마음으로 업무를 하게 한 그룹은 실제로 운동 효과를 보았다. 최고 혈압, 체중, 허리 대 엉덩이 둘레 비율 전부가 감소했고, 혈압은 10퍼센트나 떨어졌다. 반면 대조군은 아무런 변화가 없었다. 마음가짐이 몸에 실질적인 변화를 가져올 수 있음을 보여 준 예다.

또 다른 실험은 '반시계 방향'이라 불리는 유명한 실험인데, 랭거는 남성 노인 그룹을 구성한 뒤, 이십 년 전 자택 모습 그대로 꾸며진 주택에 살게 했다. 그러자 그들의 겉모습이며 행동이 이십 년쯤 젊어진 것처럼 달라지기 시작했다.

랭거는 또 프로 연주자들을 모집해 두 그룹으로 나눈 뒤 한 그룹에게 곡 하나를 내주고 자신들이 기억하는 최고 수준의 연주를 하라고 주문했다. 다른 그룹에게는 익숙한 곡을 연주자들 자신만 알아차릴 수 있을 정도로 살짝만 변주해서 연주해 달라고 주문했다. 청중에게 이들의 연주를 평가하게 하자, 후자 그룹이 청중으로부터 더 높은 점수를 받았다. 랭거는 또 외판원들에게 상품을 소개할 때 판에 박힌 말투 대신 매번 새로운 말투로 이야기해 보라고 주문했다. 그 결과 매상이 증가했다.

이 마지막 실험은 랭거가 말하는 마음 챙김이 어떤 것인지를 잘 보여 주는데, 마음 챙김이란 모든 면에서 그저 '알아차리는 일'에 불과하다. 랭거는 피험자들에게 특별한 명상법을 가르친 것이 아니라 그저 '새로운 것을 알아차리는 법'을 알려 줬던 것이다. 새로운 것 알아차리기. 바로 이것이 진화가 수렵 채집인들에게 알려 준 생존법이었다.

이 생존법을 더 잘 보여 주는 것은 일리노이 대학의 대니얼 시몬스와 하버드 대학의 크리스토퍼 샤브리스의 실험이다. 이 실험에서는 피험자를 두 팀으로 나누어 농구공을 주고받도록 했는데 한 팀에는 농구공이 자기 손에 몇 번 들어오는지 세는 과제를 더했다. 그 팀은 게임이 진행되는 내내 게임의 승패와는 상관없이 공이 오가는 횟수에 집중했다. 실제로 게임 중간에 고릴라 탈을 쓴 사람이 경기장으로 걸어 들어와 피험자들에게 자기를 보라고 손을 흔들어 댔지만, 피험자들은 고릴라에게 눈길 한 번 돌리지 않았다. 주어진 과제에 빠져서 숫자 세기에만 정신이 팔려 있었던 것이다.

새로운 것, 달라진 것에 대비하라는 랭거의 가르침을 받아들였더라면 경기 중에 투입된 고릴라를 알아차릴 수 있었을지도 모르겠다. 수렵 채집인들이었다면 고릴라를 알아차리는 것쯤은 일도 아니었을 테지만.

명상이란 지금 이곳에 주의를 집중하는 각성 활동이며, 야생에
사는 사람들이 자연에서 살아남기 위해 필요한 의식 상태다.

chapter 7

자연 안에서 찾은 생명애

"생명 사랑은 사람이 다른 생명체와 정서적으로 교류하고자 하는 선천적 욕구다. 이것은 인간이 타고난 본성의 일부다."

앞으로 나올 이야기에 에드워드 오스본 윌슨의 '생명 사랑biophilia' 가설이 필요하다.

이 가설의 진짜 힘은 '선천적'이라는 말 속에 녹아 있다. 선천적이라 함은 진화가 생명애를 우리 유전자 속에 심어 놓았다는 뜻이다. 생명애가 진화의 설계라면, 선천적인 것에 귀 기울이는 것은 우리가 행복해지는 길이다. 자연에 대한 애착은 인위적인 문명에 대한 애착과는 달리 우리에게 적응력을 주었다.

논리적으로 다시 설명하면 인간이나 다른 모든 종이 얼마나 성공하느냐는 환경에 얼마나 적응할 수 있느냐로 귀결된다. 인간이 종으로서 성공을 거두는 데에는 자연 세계에 대한 지식을 활용할 수 있는 큰 뇌가 대단히 중요한 역할을 했기 때문이다. 인간은 자기 주변에 주의를 기울이고 관심이 생기면 마음이 사로잡혀 애착을 보이게 된다. 이때 뇌의 능력이 얼마나 증폭될지 상상이 되는가? 관찰자로 남아 있지 않고 자연의 조건에 탐닉하는 사람들은 생존 가능성도 더 높아질 것이다. 그렇다고 생명애 유전자나 호르몬 같은 것이 존재한다는 의미는 아니다. 사람의 많은 흥미로운 속성들이 그렇듯이 이 특성 또한 어떤 밀도 높은 시스템 속에서 다른 능력들과 결합할 때 훨씬 더 큰 힘을 발휘할 것이다. 진화가 어떻게 이런 특성을 더 키워 주고 보상했을지 이해하는 것은 어렵지 않다. 예를 들어 빨강색을 좋아하는 사람에게는 빨강색이 눈에 띄기 마련이다. 또 자연에서 빨강이란 잘 익은 과일을 의미하므로 그의 바구니는 남부럽지 않게 두둑할 것이다.

먹고 자고 움직이는 것이 그렇듯 생명애에도 우리에게 건강과 행복감을 주는 요소들이 들어 있다. 누구나 산길을 돌아다니거나 도심 공원을 어슬렁거려 본 적이 있을 것이다. 하다못해 풍광 좋은 고속 도로를 달릴 때도 이 사고 실험을 해 볼 수 있다. 등산이나 산보, 운전을 나갔다가 잠시 멈추고 감상할 만한 장소를 하나 떠올려 보라. 구불구불 난 산길을 따라가다 보면 골짜기가 한눈에 내려다보이는 정상에 다다른다. 자연이 발아래 광활하게 펼쳐진다. 잠시 멈춰 서서 경치도 감상하고 대자연의 장엄함도 느껴 보고 싶은 마음이 들 것이다.

이제 발아래 펼쳐진 모습에도 눈길을 돌려 보자. 그곳이 당나귀나 말코손바닥사슴의 서식지라면 배설물이 많을 것이다. 쉽게 말해서 말코손바닥사슴이 따사로운 햇볕을 받으며 빈둥빈둥 한낮을 즐기는 곳이라는 뜻이다. 또 우리 인간이나 말코손바닥사슴이 이런 장소를 좋아하는 까닭은 그 전망이 주위 환경에 관한 중대한 정보를 제공하며 천적으로부터도 안전하다는 안도감을 주기 때문이다. 주위를 둘러보면 쉽게 알게 된다.

같은 이유로 진화는 인간이나 말코손바닥사슴들에게 서식지를 마련해 둔 것이다. 우리가 읽는 표지판이나 야생 사슴들이 읽는 신호는 다를 바 없다. 그 표지판은 '여기가 네 집이야.'라고 말한다.

현실 세계에서는 이런 생각이 돈으로 환산된다. 호수나 시내가 내다보이는 전망 좋은 방이나 주택은 진화 과정 내내 우리에게 중요했던 조건을 그대로 복제한 것이다. 들판에 사는 부족들을 연구한 인류학자들은 하나같이 수렵과 채집을 위한 유목 활동이 일주율 주기로 이뤄졌다고 보고한다. 낮에는 수렵 채집 활동을 하고 밤에는 안전한 장소를 찾아 캠프를 세우는데 반드시 물과 가깝고 시야를 가리는 장애물이 없는 곳을 선택한다. 인간은 이러한 삶의 조건을 수천 년에 걸쳐 기억해 왔다. 센트럴 파크가 굽어보이는 아파트나 부둣가의 부동산이 더 비싼 이유도 그 때문이다.

자연 친화적인 삶

생명애 가설은 혹독한 시험을 통과해 왔다. 사람이 포식자들의 먹잇감으로 살아온 역사가 여느 동물과 다를 바 없어 여전히 탁 트인 전망을 선호하고 닫힌 공간을 두려워한다는 것을 증명하기 위한 연구가 많이 이루어졌다. 하지만 우리의 유전자에는 생명애 말고도 생명 공포 biophobia 가 깊이 각인돼 있다는 가설도 존재한다. 다수의 비교 문화 연구 결과를 보더라도 인간은 선천적으로 거미와 뱀 같은 동물을 혐오하는 경향이 있다는 것이 증명된 바 있다.

인간이 선천적으로 뱀에 공포가 있음을 보여 주는 실험이 있는가 하면 심리학에서 '생물학적으로 준비된 학습'이라는 것을 발견한 연구자들도 있다. 즉 인간에게는 선천적으로 더 빨리 학습되는 것이 있는데 이들 조건은 그 어떤 조건들보다 훨씬 더 확고하게 각인된다.

현대를 살아가는 사람이라면 뱀보다는 일상에서 쉽게 접할 수 있는 피복이 벗겨진 전선이나 자동차를 더 두려워할 것이다. 그러나 이들 조건에 대해서는 선천적 혐오나 준비된 학습의 요소가 발견되지 않았고 조건 반응이나 학습된 경험을 기억하는 능력도 발견되지 않았다. 거미와 뱀을 접했을 때의 반응이나 높은 곳에 대한 공포는 판이한 반응이다. 세상 도처에는 위험과 함정이 널려 있지만, 인간 내면에는 조상들이 품었던 공포와 똑같은 공포가 자리잡고 있는 것이다. 예컨대 고속 도로 사망 사고 정도로는 신문에 실리지 못하지만 회색 곰의 공격은 신문 1면을 장식하고 트위터며 페이스북 같은 SNS를 시끌벅적하게 만든다.

"현대인은 주 생활 공간이 자연, 그러니까 야생에서 벗어난 지 오래됐지만 여전히 생명 공포의 법칙은 문명의 발달 이전에 머물러 있음을 시사한다. 우리의 뇌는 기계가 통제하는 세계가 아니라 자연 중심적 세계에서 진화해 왔다. 따라서 그 세계와 관련된 모든 학습 법칙이 단 몇 천 년에 완전히 잊혀질 거라고는 보기 어렵다. '자연의 흔적'이 남아 있지 않은 도시 환경에서 한두 세대 이상을 살았다고 자연의 학습 능력이 완전히 사라질 수는 없기 때문이다."

윌슨의 말대로 우리 안에 자연 친화적 욕구와 자연을 학습하는 능력이 남아 있다는 것은, 우리 안의 신경 회로가 건강과 행복을 되찾는 데 필요한 해독제라는 의미다. 안타깝게도 우리 사회는 자연 환경과 유대를 강화하는 것이 얼마나 중요한 일인지를 간과하고 있다. 그런데 이 문제를 직접 다룬 연구가 있었다. 이 연구는 공원 산책 같은 아주 손쉬운 자연과의 접촉만으로도 우리의 상태가 개선되고 인지 기능이 향상된다는 사실을 보여 줬다. 문제는 피험자들이 자신의 수행 능력 점수를 보고도 그것이 공원 산책 덕분이라는 사실을 인정하지 않았다는 거다.

이 연구를 이끌었던 캐나다 심리학자 엘리자베스 니스벳과 존 젤린스키는 '현대의 생활 방식은 사람을 자연으로부터 단절시키고 이런 분리가 사람의 건강뿐 아니라 환경 건강에도 유해한 결과를 가져올 수 있다.'라고 말했다.

우리가 자연 친화적 욕구를 가지고 태어난다는 사실을 부정하는 순간, 우리는 고통받을 수밖에 없다. 이것이 첨단 기술이 지배하는 인공 세계에서 우리가 각종 질환에 시달리는 가장 큰 이유다. 저자 리처드 루브는 이것이 문명병의 본질이라고 주장하며 여기에 '자연 결핍 장애nature deficit disorder'라는 이름까지 붙여 줬다. 루브는 야외 활동의 위험성을 너무 자극적으로 다루는 언론 기사들이 어린아이들을 자연 결핍 상태로 이끌었으며 어른들까지도 자연과 멀어지게 만들었다고 주장했다.

루브의 주장은 의학적으로도 뒷받침할 근거가 충분히 있다. 가령 어린아이가 자연에서 놀면 온갖 미생물에 노출되어 체내의 미생물 군집이 도전을 받게 되고 그로 인해 면역 체계가 강화되면서 자가 면역 질환과 싸울 수 있게 된다. 또한 자연에서 놀면 전 파장대의 빛을 받아 멜라토닌 분비와 수면 주기를 조절할 뿐만 아니라 건강 수치에 도달할 수 있는 비타민D를 만들어 준다. 현대인에게 비타민D 결핍은 그 자체로도 문제이지만 자연 결핍 장애의 교집합이며 우리가 자연을 중요시해야 하는 이유를 잘 설명해 주는 대목이다.

1970년대 말, 미국 앤아버에서 박사 과정을 밟던 로저 울리히 박사는 쇼핑센터에 갈 때마다 고속 도로를 피해 가로수가 아름다운 길로 다니곤 했다. 중심 도로를 벗어난 길로 다니는 것이 여러 가지 이점이 있다는 사실을 증명하는 실험을 위해 스스로 피험자를 자청했던 거다. 울리히 박사는 뇌 전도를 이용해 자신을 포함하여 자연 친화적 생활을 한 피험자들의 알파파 활동을 측정했다. 알파파는 세로토닌 분비와 관련이 있는데, 세로토닌은 우울증과 싸우는 호르몬이다. 연구 결과, 자연을 가까이하는 행동이 알파파 활성화에 긍정적인 작용을 한다는 것이 밝혀졌다. 뿐만 아니라 불안, 분노, 호전성을 가라앉히는 데도 긍정적인 역할을 하는 것으로 나타났다.

울리히 박사의 연구는 내과 의사인 에바 셀허브와 자연 요법 치료사 앨런 C. 로건이 공동 집필한 『자연 몰입 *Your Brain on Nature*』을 통해 소개되었다. 그리고 그중 일부를 여기 소개한다.

정원에서 시간을 보낸 텍사스의 한 보건센터 환자들은 스트레스 호르몬인 코르티솔 수치가 감소했다. 뇌 전도를 이용한 캔자스의 한 연구에서는 방에서 식물을 키우는 피험자들의 스트레스 지수가 낮아진 것으로 나타났다. 타이완의 연구자들은 뇌 전도와 피부 전도를 이용해 시내, 계곡, 강, 단구段丘, 바다, 과수원, 농장을 본 피험자들에게서 치료 효과가 나타났음을 보여 줬다. 119명의 일본 피험자들의 경우, 화분에 흙만 채울 때보다 식물을 심을 때 스트레스 반응이 더 낮게 나타났다. 일본의 또 다른 실험에서는 피험자들이 이십 분 동안 자연 풍경을 보고 난 뒤 심박수가 떨어지는 효과를 보였다.

이 주제와 관련하여 가장 흥미롭고 혁신적인 연구 성과를 거두고 있는 나라가 일본이다. 지금도 일본 산림 의학 연구회에서는 자연 친화 정책 연구가 진행되고 있으며 전국적으로 삼림욕 운동이 벌어지고 있다. 숲을 산책하거나 벌거벗은 몸으로 숲의 기운을 받아들이는 삼림욕 운동은 코르티솔, 심박수, 혈압을 객관적 지표로 삼아 자연과의 접촉이 건강과 인지 기능을 향상시키는지 증명하는 연구로 이어졌다. 실제로 병원에 입원한 환자들이 창문 있는 병실을 쓰거나 병실에 식물을 두었을 때 회복 속도가 상대적으로 빨라진 것으로 드러났다. 공장에서도 보이는 곳에 화분을 두니 노동자들의 병가 시간이 40퍼센트나 감소했다.

이런 연구 결과는 공공 정책 입안자들이나 공공 건축 설계자들에게 큰 도움을 줄 것이다. 도시 공간에 산책로, 광장, 조경, 나아가 식물 화분까지 배치한다면 저비용으로 대중의 건강을 증진하고 평온한 분위기를 조성할 수 있을 것이다. 학교와 직장에 식물과 나무를 배치한 결과, 학생들과 직장인들의 학업과 업무 수행 능력이 향상됐음을 보여 주는 결과도 있다.

하지만 이 연구가 정말로 흥미로워지는 지점은 막대한 비용이 들어가는 보험 의료 같은 부문이다. 실제로 숲 면적이 더 넓은 지역에서 암 환자의 사망률이 감소하는 것을 보여 준 연구가 있었는데 이 연구 결과는 자연 환경이 면역 반응을 강화시킨다는 것을 보여 주는 개별 연구 결과로 뒷받침됐다. 자연과의 단순한 접촉만으로도 질병에 대한 저항력이 높아진다는 것이 수치로 증명된 것이다.

네덜란드의 한 연구진은 의사 195명이 치료한 환자 34만여 명과 24종의 질환에 대한 진료 기록을 전수 조사했다. 이것은 숲 근처에 거주하는 사람들과 그들에게 주로 발생하는 질병, 환자의 비율을 알아내기 위함이었다. 그 결과 녹색 환경 1킬로미터 반경 내에 사는 사람들은 15종의 질환에 대한 면역력이 높은 것으로 나타났으며 지금까지의 우리 주장을 뒷받침했다. 또한 이 관계는 빈곤층으로 갈수록 더욱 극명하게 나타났는데, 녹색 공간은 불안 장애와 우울증에 가장 큰 효과를 주는 것으로 드러났다. 그러나 유사한 조사를 실시한 미시간 대학의 니스벳 교수의 기록을 보면 자연 환경의 가치를 알아차리지 못한 무지한 인간이 각종 환경 질병들을 고스란히 받아들인다는 추가 설명이 나온다.

산책

숲에서는 스트레스 호르몬 감소, 고통 완화, 불안 감소 등 우리 뇌에 여러 가지 효과를 주는 '피톤치드'가 발산된다. 이것은 각 식물들에 다량 함류된 화학 물질로서 인간의 면역 체계에서 중요한 역할을 하는 '자연 살해 세포'를 상향 조절해 준다. 무색무취한 피톤치드는 후각계를 통해 인간의 몸속으로 들어오는데, 흡입만으로도 면역 체계가 튼튼해지는 효과를 누린다. 그러나 인간은 피톤치드처럼 자연이 주는 요소에 대한 지식이 전혀 없다. 그저 숲 속의 맑은 공기를 들이마시며 기분이 좋아지는 것을 느낄 뿐이다.

피톤치드의 면역에 대한 것은 최근 일본에서 한 연구를 통해 더 구체적으로 알아볼 수 있다. 일본 삼림청에서는 직장인들을 대상으로 숲을 거닐게 한 뒤 몸의 상태를 측정했다. 그러자 자연 살해 세포가 40퍼센트나 증가한 것을 확인할 수 있었다. 한 달 후, 삼림청에서는 같은 방법으로 조사를 다시 했는데 자연 살해 세포가 15퍼센트나 더 높게 나타났다.

더불어 fMRI를 통해 뇌의 부해마회에 영향을 끼치는 것을 알아낼 수 있었다. 부해마회란 아편 유사 물질 수용체가 많이 몰려 있는 부위인데, 이 결과를 두고 셀허브와 로건은 '피톤치드는 우리 뇌에 자연이 주는 모르핀과 같은 역할을 한다.'고 말했다.

한국의 연구자들은 여기에서 한 단계 더 나아갔다. 도시 환경은 우리 뇌에서 분노와 우울증과 관련된 영역을 활성화시키지만, 자연 풍경은 공감 능력에 중요한 영역인 전대상 피질과 섬엽 피질을 활성화시키는 것을 밝혀냈다. 공감 능력의 효과는 다른 사람들에게 자기 돈을 나눠 줘야 했던 실험과 명상 관련 연구에서 이미 입증된 바 있다. 명상에 목표란 없듯이 자연 접촉 활동에도 공감 능력이 더 뛰어난 사람이 되겠다는 목표 따위는 없었으며, 공감 능력이 향상되는 생화학적 경로도 밝혀진 바 없다. 그저 정신을 차분히 가라앉히는 행동 하나가 공감 능력을 높여 준 것인데 잠깐의 숲 속 산책이 그런 효과를 발휘하는 것이다.

이 모든 연구 결과들을 보면 생명애가 초자연적인 개념처럼 느껴질 수도 있을 것이다. 오감으로 만질 수 없는 개념을 이야기하고 있으니 말이다. 그러나 생명애는 실재하는 물리적 힘이다. 우리에게 그것을 지각할 능력이 없을 뿐이다. 어쩌면 도시 생활이 이 힘을 알아차리는 능력을 앗아간 것일지도 모르겠다. 어쩌면 이것이야말로 수렵 채집인들이나 코유콘 부족을 그토록 매료시킨 힘일지도 모르겠다. 그들이 자연과 일체가 될 수 있었던 것은 삶의 조건이 그들의 정신을 그렇게 훈련시켰기 때문인지도 모른다. 방으로 들어오는 고릴라, 자신을 행복하게 해 줄 진짜 존재에 주의를 기울이도록 말이다.

찾아보면 눈에 보이지 않는 힘이 인간의 삶에 엄청난 변화를 일으킨다는 증거는 수두룩하다. 예를 들어 피부가 비타민D를 만들어 내는 데 필요한 중파장 자외선도 우리 눈에는 보이지 않는다. 그럼에도 삼십 분 동안 전신이 햇볕을 받게 되면 우리 몸에서 10,000IU international unit에서 20,000IU의 비타민D가 만들어진다. 즉 집 밖으로 나가 햇볕을 쬐는 것만으로도 비타민D를 얻을 수 있다는 얘기다. 그러나 비타민D가 결핍될 경우 인간의 몸은 많은 위험에 노출된다. 어린아이의 경우 구루병을 유발할 수 있고, 성인의 경우에는 결장암, 유방암, 전립선암, 고혈압과 심혈관질환, 골관절염, 자가 면역 질환 등을 발병하는데 무엇보다 가장 심각한 것은 불면증으로 시작하는 우울증이다. 실제로 비타민D에 관련된 연구 자료를 찾아보면 비타민D로 불면증을 치료한 사례를 심심치 않게 발견할 수 있다.

신경 전문의 고맥 박사와 세포 생물학자이자 약리학 교수인 스텀프 박사는 자신들의 논문에서 비타민D로 불면증을 치료한 사례를 상세하게 보고했다. 이는 우연히 환자 몇 명이 비타민D 보충제를 복용한 뒤 수면 패턴이 향상된 것을 보고 시작된 연구로 수면 장애를 겪는 환자 1,500명을 대상으로 이 년에 걸쳐 진행됐다. 두 사람은 비타민D 수용체가 있는 뇌 부위가 수면에서 긍정적인 결과를 가져온 부위와 일치한다는 것을 알아냈고, '수면 장애가 만연하게 된 것은 비타민D 결핍 때문'이라는 결론을 도출한다.

우리는 앞에서 현대 도시인들에게 자가 면역 질환이 급속하게 증가하는 것은 위생적이고 인공적인 도시 환경 탓에 인간의 면역 체계가 자연으로부터 자극받을 기회를 빼앗겼기 때문이라고 설명했다. 인간은 온갖 미생물과 접촉하고 그에 대응하면서 진화해 왔다. 그러나 자연과의 접촉 기회를 빼앗겨 인간 몸속의 생물군계가 특히 더 고통을 받게 된 것이다. 면역 체계가 건강하려면 인간 몸속의 생태계가 외부의 생태계와 만나야 하고 그러기 위해서는 위생적이고 인공적인 환경이 아닌 야외나 자연 속에서 시간을 보내야 한다.

따라서 우리가 제시하는 처방은 그렇게 복잡한 것도 아니다. 아이들을 밖으로 내보내서 흙장난을 하게 하고 햇볕을 쬐면서 자연과 접촉하게 하라는 것이다.

산악 달리기

자연은 변덕스럽고 때로는 잔인하게 돌변할 수도 있으니 헬스클럽에나 다니는 것이 속 편하다고 생각하는 사람들도 더러는 있을 것이다. 그러나 자연의 변덕스러움이야말로 우리가 야생 환경에서 더 많은 시간을 보내야 하는 이유다.

낭만적인 상상 속의 자연은 새들의 노랫소리가 들려오고 따사로운 햇살이 나무 사이로 반짝이는 쾌창한 오후 풍경일 것이다. 두 팔을 벌려 우리를 감싸 주는 디즈니 버전의 자연 말이다. 그러나 그것은 자연이 아니다. 그런 종류의 자연이라면 자연과의 접촉에서 우리가 얻을 보상은 없을 것이다. 사람들은 진화 얘기가 나오면 인간이 생물계의 영장이라는 생각부터 떠올린다. 자연이 그 장구한 세월 동안 어떤 식으로든 우리를 위해서 존재해 왔으리라고 생각한다. 우리에게 최선의 것만을 챙겨 주며 어머니처럼 돌봐 주었을 거라는 환상을 가지는 것이다. 진화 생물학자 리처드 도킨스는 이렇게 얘기했다.

"자연은 잔인하지 않다. 무심할 따름이다. 이것은 사람이 배우기 가장 어려운 교훈 중 하나다. 우리는 자연이 선하지도 악하지도, 잔인하지도 자상하지도 않으며, 무정하다는 사실을 받아들이지 못한다. 자연은 세상 모든 고통에 무심하며 아무런 목적도 없다."

우리에게 필요한 것은 무심함이고 앞에서 다뤘던 로버트 사폴스키의 개코원숭이들이 우리에게 준 중요한 교훈이다. 예측 가능한 보상은 뇌의 보상 회로를 제대로 활성화시키지 못했으나 연구자들이 그 규칙을 파기했을 때에야 비로소 뇌가 행복한 것으로 밝혀졌다. 자연은 우리에게 유리하도록 게임을 조작하지 않는다.

하지만 정해진 순서와 규칙이 없을 때에도 우리의 의식은 언제나 깨어 있어야 한다. 깨어 있는 의식은 마음 챙김을 강화시켜 우리 삶의 질을 향상시킨다. 앞에서 개와 함께 산길을 따라 달리던 장면을 묘사한 내용을 기억하는가? 산악 달리기를 하다 보면 변화무쌍한 지형과 변덕스러운 날씨로 인해 예상치 못한 기복과 장애, 온갖 도전에 직면하게 된다. 그러다 보니 다양한 동작을 취하게 되고 전신의 근육을 다양하게 사용하는 것이다. 이것이 인간의 몸이 진화해 온 방식이며, 다양한 동작을 조정하고 제어하는 것은 인간의 뇌를 자극하는 최고의 방법이라 할 수 있다.

자연이 제공하는 다양성이 인간에게 늘 이롭기만 한 것은 아니다. 자연의 변화에는 정해진 순서나 규칙이 없기에 인간은 긴장을 늦출 수 없다. 급변하는 상황이 때로는 절체절명의 위기로 몰고 갈 수도 있기 때문이다. 고꾸라지는 사고나 발목 골절은 약과다. 느닷없이 오도 가도 못하는 낭떠러지에 내몰릴 수도 있고, 돌풍을 동반한 폭설에 휘말릴 수도 있으며 심지어 눈앞에 곰이 나타날 수도 있는 것이다.

산악 달리기에 관한 이야기를 다시 꺼내는 이유는 그것이 이 책을 쓰게 된 계기를 잘 설명해 주기 때문이다. 산악 달리기를 하는 사람들은 다향함을 추구하는 열정적인 사람들이다. 그 점은 올림픽의 마라톤 선수들, 사이클 선수들, 역도 선수들, 축구 선수들도 마찬가지다. 우리의 진화 과정에서 이 종목은 어떤 스포츠보다 먼저 생겨났다.

산악 달리기는 그 어떤 스포츠 종목보다 빠르게 성장하고 있다. 스포츠 전문지인 《울트라러닝 Ultrarunning》에 따르면 2012년 울트라 마라톤을 완주한 사람은 무려 63,530명에 이르렀다. 울트라 마라톤은 일반 마라톤 구간인 42.195킬로미터보다 먼 거리를 달리는 마라톤을 총칭한다. 주로 산악, 사막, 삼림을 달리게 되는데 참가자가 이전 해에 비해 22퍼센트 증가했지만 1980년과 비교하면 20배 이상 증가했다. 일반 마라톤과 울트라 마라톤의 또 한 가지 차이점은 남성 호르몬이 솟구치는 젊은 남자들만을 위한 스포츠가 아니라는 점이다. 이것은 남녀 성비가 고른 편이고, 일부 대회에서는 여성들이 우승을 차지하기도 했다. 최고 수준의 대회에서 사십 대 주자들이 우승하는가 하면 육십 대와 칠십 대 주자들이 왕성하게 참가하고 160킬로미터에 달하는 거리를 완주하기도 한다. 이것은 인간의 진화 과정에서 보여 준 것과 아주 많이 닮았다.

산악 달리기꾼들 사이에 인기를 얻고 있는 윌리 맥브라이드의 글을 소개하겠다. 놀랍게도 이 글 곳곳에서 생명애라는 용어를 창안한 독일 철학자 에리히 프롬의 사상을 만날 수 있다. 맥브라이드는 자신이 소셜미디어에 집착하면서도 한편으로는 산악의 야성에 사로잡히는 것이 모순처럼 느껴진다며 다음과 같이 말했다.

"가장 날것인 자연과 가장 가공된 사회적 기술을 동시에 경험하고자 하는 욕구는 모순처럼 느껴질 수도 있겠지만, 이것은 우리 내면 깊이 자리잡은 기본적 욕망이다. 우리는 연결되고자 한다. 자기 자신보다 더 큰 무언가의 일부가 되고자 한다."

"인류 역시 유아기에는 자연과 일체감을 느꼈다. 토양, 동물, 식물은 아직도 인간의 세계이다. 인간은 동물과 자기 자신을 동일시하며 이것은 동물 가면을 쓴다든가, 토템totem으로 삼은 동물 또는 동물신을 숭배한다든가 하는 일로 표현된다. 그러나 인류가 이러한 원초적 결합에서 벗어나면 벗어날수록 인류는 자연의 세계에서 더욱더 분리되고, 분리 상태에서 벗어나는 새로운 방법을 찾아내려는 욕구도 더욱더 강렬해진다."

"분리 경험은 불안을 일으킨다. 분리는 정녕 모든 불안의 원천이다. 분리되어 있다는 것은 내가 인간적 힘을 사용할 능력을 상실한 채 단절되어 있다는 뜻이다. 그러므로 분리되어 있는 것은 무력하다는 것, 세계(사물과 사람들)를 적극적으로 파악하지 못한다는 것을 의미한다. 분리되어 있다는 것은 나의 반응 능력으로 세계가 나를 침범할 수 있다는 것을 의미한다."

—에리히 프롬 『사랑의 기술(문예출판사)』 중에서

"가장 날것인 자연과 가장 가공된 사회적 기술을 동시에 경험
하고자 하는 욕구는 모순처럼 느껴질 수도 있겠지만, 이것은
우리 내면 깊이 자리잡은 기본적 욕망이다. 우리는 연결되고
자 한다. 자기 자신보다 더 큰 무언가의 일부가 되고자 한다."

chapter

우리를 한데 묶어 주는 것, 부족(部族)

우리가 가장 좋아하는 주제를 지금까지 아껴 두었다. 이것은 엄마가 갓난아기와 함께 자는 것이 안전한가 하는 조금은 이상한 질문에 관한 것이다. 이 주제는 엄마와 아기의 자세와 관련된 실험에 중점을 두고 있다. 엄마와 아기가 취하는 특정한 자세는 실제로 안전성을 최대한 높이는 자세라는 것이 과학적으로 입증됐다. 엄마들은 일종의 방공호처럼 아기를 감싸는 형태로 몸을 굽히고 자는데, 잠결에 굴러서 아기가 다치는 일이 없도록 막아 주기 위해서다. 이 실험을 처음 고안하게 된 계기도 바로 이런 위험이 발생하지 않을까 하는 의구심에서였다.

개가 새끼를 낳는 장면을 본 사람이라면 누가 가르쳐 주지 않았는데도 어미 개가 출산에 필요한 단계와 조치들을 다 알고 움직이는 것을 볼 수 있다. 갓난아기와 함께 자는 엄마들도 마찬가지다. 모든 엄마가 다 그런 것은 아니지만, 연구자들은 아기에게 젖을 물리는 엄마들이 특별한 학습

없이도 아기에게 가장 안정된 자세를 취한다는 것을 알아냈다. 첫아이를 출산한 엄마들도 마찬가지였다.

출산 및 수유와 관련된 주요 호르몬은 프로락틴과 옥시토신이다. 이중 옥시토신은 출산과 수유에 중요한 호르몬이고 그 영향력은 우리의 전 생애에 걸쳐 심오하게 발휘된다. 이번 장에서는 옥시토신에 관한 심도 있는 이야기를 해 보고자 한다.

타인과 함께하는 운동

우리는 책을 집필하는 과정에서 중요한 조각 하나가 빠져 있다는 것을 깨달았다. 그리고 에바 셀허브가 그 조각을 채워 줄 인물이란 것을 직감적으로 알 수 있었다. 우리는 셀허브의 연구 작업을 지켜보고 직접 이야기도 나누었을 뿐만 아니라, 『자연 몰입』의 공동 저자인 앨런 C. 로건과의 대화를 통해 우리의 궁금증을 해소하기도 했다. 셀허브는 제도권 안에서 훈련을 거친 의사이지만 자연과 영양, 운동의 치유력을 연구했으며 명상 수련과 태극권 같은 오랜 전통의 치유 운동까지도 섭렵했다. 우리는 육체적으로나 정신적으로 그녀에게 새로운 차원의 활기를 불어넣어 주는 것이 무엇인지 알고 싶었다.

보스턴에서 다시 만나게 된 셀허브는 최근 몇 달 동안 자신이 '아주 다른 사람'이 됐다고 했다. 이 변화의 가장 직접적인 원인은 바로 크로스핏이었다.

"다른 사람들과 함께 경쟁에 참여한다는 것, 다른 사람들이 나를 위해 열을 올려 준다는 사실이 참 기분이 좋아요. 그냥 경쟁만 하는 거였다면 저한테는 효과가 없었을 거예요. 하지만 여기엔 공동체와 동료애가 있습니다. 아이들은 뛰어놀고 어른들은 운동하면서 서로 코믹한 행동을 하죠. 서로 껴안고 배꼽을 잡고 웃고…….”

셀허브는 헬스클럽 운동이나 경쟁적인 스포츠는 질색이라고 털어놓으면서 잘못된 학교 체육 프로그램 때문에 너무나 많은 아이들이 이런 운동만을 즐기는 현실을 우려했다. 셀허브가 이야기하는 크로스핏의 진짜 매력은 공동체에 있었다.

1950년대에 마셜 토머스가 가족과 함께 칼라하리 사막의 !쿵족과 함께 지냈다는 기록으로 잠시 돌아가 보자. 토머스는 당시의 생활을 방대하게 기록한 어머니의 글을 인용한다.

!쿵족은 다른 사람들과 함께하고 있다는 소속감을 무엇보다 중시하며 정서적 의존도가 극도로 높은 사람들이다. 분리와 외로움은 그들에게는 견딜 수 없는 일이다. 야영지에서 가족끼리 똘똘 뭉쳐 있는 모습은 소속감을 느끼고 사람들 곁에 있으려 하는 그들의 욕구를 잘 보여 준다. 그들은 때로는 서로를 어루만지면서 어깨와 어깨를 꼭 붙이고 발목과 발목을 서로 걸고 한데 모여 앉아 있다. 그들에게 안락함과 안정감을 주는 것은 거부와 적대감의 위협이 전혀 없는, 그 무리의 일원으로서 느끼는 소속감이다.

고인류학자들은 인류가 시작된 이래로 부족 생활이 인간을 정의하는 가장 두드러진 특성의 하나라고 본다. 강한 결속력이 호모사피엔스가 직립보행 유인원 가운데 유일하게 살아남아 고지를 선점할 수 있었던 유일한 요인은 아닐지라도 중대한 요인으로는 작용했을 것이다. 우리 종의 결속력에 대해 알고 싶다면 화석 기록을 찾아보면 되겠지만, 더 확실한 증거

를 찾고 싶다면 옥시토신을 살펴보는 것이 좋다. 옥시토신은 아기에게 젖을 먹이는 어머니에게만 있는 것이 아니다. 모든 여성뿐만 아니라 남성에게도 존재하며 우리를 하나로 묶어 주는 물질이 바로 옥시토신이다.

결속의 매개체

우리 두 사람과 마주 앉은 신경 내분비학자 수 카터는 얼마나 막막했는지 몇 분을 우두커니 앉아 있었다. 그도 그럴 것이 사십여 년에 걸쳐서 연구한 인간의 습성를 어떤 요인 하나의 효과로 요약해서 설명하는 것은 쉬운 일이 아니었다.

진화는 옥시토신과 그것을 둘러싼 화학 물질에 의존했다. 이것들은 인간과 다른 포유류들이 나타나기 전부터 오랜 기간 생명 유지에 중요한 기능들을 수행했다. 그중 바소프레신은 모든 생명이 물속에 있던 시절, 그러니까 생물체가 체내의 수분을 조절해서 체외로 내보내는 기능이 절대적으로 필요했던 시절에 나타났을 것으로 보이는 태곳적 물질이다.

카터는 평생을 시카고 대학에서 대초원들쥐prairie vole에 관한 호르몬을 연구했다. 그녀의 연구가 시작된 1970년대, 대초원들쥐는 북아메리카의 초원 생태계를 누비고 돌아다니는 조용하고 무해한 작은 생쥐로, 부엉이와 생물학자가 아니면 잘 눈에 띄지도 않을 동물이다.

당시 카터의 연구 작업은 생물학 분야의 공통 문제를 탐구하던 야외 생물학자들과의 연계 속에서 이뤄졌다. 그 내용은 개체군의 생존과 멸종에 관련된 것으로 종의 성공에 기여한 적합성을 신체적 특성에서 찾는 것이 보편적인 접근법이다. 당시 대초원들쥐는 호불황 순환주기 개체군이 팽창한 뒤로 급감하는 주기를 겪고 있었다. 이 같은 현상에 생물학자들은 위기감을 느끼고 연구에 달려들었다.(이제는 설치류들의 정상적인 과정으로 받아들여지고 있다.)

연구자들은 눈에 잘 띄지 않는 이 작은 설치류에게 아주 기이한 구석이 있다는 점에 주목했다. 대초원들쥐는 사회생활을 하고, 이들의 사회를 결속시키는 것은 일부일처제였다. 수컷 한 마리와 암컷 한 마리가 헌신적인 부부로 살아가는 것은 동물 세계에서 흔치 않은 습성이다. 더욱더 신기한 점은 이들과 유사한 종인 목초지들쥐meadow vole들은 같은 지역에 서식하고 있었지만 일부일처제가 아니었다. 당시 학계에서는 일부일처제를 직립 보행이나 잡식성처럼 복잡하고 진화된 습성으로 여겼다. 따라서 일부일처제는 진화적 논리와 계통에 입각하여 예측 가능한 진보의 결과물이었다. 그러나 대초원들쥐의 경우에는 이 습성이 예고도 없이 갑자기 나타났다.

일부일처제가 포유류에게 드문 습성이긴 하지만 진화 생물학자들은 이 현상을 성 선택의 관점에서 받아들이고 해석했다. 한 수컷이 한 암컷하고만 살면서 새끼 키우는 데 헌신하는 이유는 그 어린 것이 자기 유전자를 갖고 있기 때문이라는 것이다. 이 가설은 리처드 도킨스의 『이기적 유전자』에 뿌리를 두고 있다. 즉 진화는 많은 개체 가운데 자기 유전자를 영속시켜 줄 개체를 선택한다는 것이다. 가령 인간을 포함한 동물계에서 흔히 보이는 영아 살해 습성도 일반적으로는 이기적 유전자 가설로 설명할 수 있다. 요컨대 수컷이 새 암컷을 만나게 되면 그 암컷의 새끼를 죽여 다른 수컷이 아닌 자신의 유전자를 영속시키려는 것이다. 하지만 카터는 대초원들쥐의 일부일처 습성에 대한 이 같은 설명에 의구심을 품었다.

"저도 사회 생물학이나 진화 생물학 공부를 웬만큼 해서 종족 번식이 진화론의 핵심이라는 것은 잘 알고 있습니다. 하지만 제 생각은 좀 달라요. 저는 동물 생태를 움직이는 것은 '사회적 상호 관계'라고 생각합니다."

카터의 주장은 1980년대에 접어들어 지지를 받았다. DNA분석 도구들이 속속 등장하면서 대초원들쥐들은 겉으로 보기에는 일부일처 생활을 하는 것 같지만, 새끼들의 유전자를 분석한 결과 많은 수컷들의 헌신적인 노고가 실은 남의 유전자에 엉뚱하게 낭비되고 있었다는 것이 밝혀졌다. 자식 들쥐들의 절반가량이 다른 수컷들의 유전적 자손이었던 것이다. 그뿐만이 아니었다. 이 비율은 다른 동물들의 경우와도 거의 일치하는데, 특히나 일부일처 습성이 훨씬 더 널리 퍼져 있는 조류들에게서 확연하게 드러났다. 누구에게 언제 묻느냐에 따라서 사람도 일부일처가 아니라는 답을 들을 수 있겠지만, DNA에게 묻는다면 다른 동물과 크게 다르지 않을 것이다. 성적인 의미에서 볼 때는 일부일처가 아닐 것이다. 들쥐를 포함한 다른 동물들도 모두 안정적인 혼인을 선호했다. 일부일처는 성적 습성과 번식에 기반을 둔 적응 행동을 설명하는 개념이 아니었다. 그보다는 다음 세대를 확보하는 데 유용한 사회적 적응 행동으로 봐야 하는데, 그다음 세대는 이기적 유전자 세대가 될 수도 있는 것이다. 즉 자식 들쥐의 절반이 아빠 들쥐의 친족이 아니라고 해도 나머지 절반은 친족이 맞으니 안정적인 '사회 계약'이 모두에게는 더 나은 셈이다.

먹이, 환경, 보폭, 송곳니 같은 외적인 요소에만 집중해 오던 당시 생물학자들에게는 이런 설명은 다루기 어려운 주제였다. 카터는 일부일처는 신체 특성이 아니라 행동 특성이고 이 행동이 선천적인 것이 아니라 학습된 거라고 연구 결과를 내놓는다. 하지만 더 중요한 점은 들쥐 사회에서 묘하게 인간 사회와 닮은 점이 나타나기 시작했다는 것이다.

"들쥐들의 사회에서 보이는 장기적인 부부 관계, 양쪽 부모가 함께하는 자녀 양육, 근친상간 기피 현상, 대가족 등 이 모든 것이 인간 사회와 동일합니다."

하지만 이 같은 카터의 주장과 달리 들쥐들 전부가 그런 것은 아니며 평생을 그렇게 사는 것도 아니다. 대초원들쥐들이 살아가는 방식에는 두 가지가 있는데, 성생활 얘기만 하다가는 중요한 것을 놓칠 수 있다. 성을 무시하는 들쥐가 있기 때문이다. 이것은 무리 생활을 하는 모든 동물의 공통점인데 흰개미와 개미가 그렇다.

우리는 오랫동안 꿀벌 집단 속에서 왜 그렇게 많은 개체들이 번식 활동을 전혀 하지 않으며 이 임무가 왜 여왕벌과 짝짓기 하는 소수의 일벌들에게만 주어지는지에 대해 탐구해 왔다. 대다수 벌은 평생 짝짓기를 잊고 사는데, 이 점은 들쥐들도 크게 다르지 않다. 설치류 가운데 대다수 는 카터가 말하는 '사춘기 전 단계' 상태로 평생을 살아가는데 얼마 지나지 않아 생물학자들은 그것이 적기에 천생연분을 만나면 해결되는 일이라는 걸 알아냈다. 사춘기 전 단계에 있던 암수가 우연히 서로를 발견하면 커플로 발전하는 것인데, 이 만남만으로도 암수 모두 사춘기 단계와 매우 흡사한 반응을 보인다. 특히나 수컷은 세상 물정 모르는 무성無性적 풋내기에서 단 몇 시간 만에 완벽한 변신을 끝내고 짝꿍에게 저돌적인 애정을 보이며, 이 관계는 죽을 때까지 지속된다. 카터는 이 변신의 근원이 옥시토신에 있으며 수컷의 경우에는 바소프레신에 크게 영향받는 것을 알아냈다. 옥시토신과 바소프레신은 서로 밀접하게 연관된 화학 물질로, 신경 펩타이드(뇌 화학 물질)에 속한다. 이 발견만으로 옥시토신은 사람의 뇌에서 가장 많이 분비되는 분자 물질이자 들쥐에게는 변신 스위치가 되는 물질이라는 걸 알게 됐다.

대초원들쥐뿐 아니라 서로 멀찍이 떨어져 있는 많은 종들의 기본 행동에도 옥시토신이 여러 면에서 중추적 역할을 한다는 것이 밝혀졌다. 초창기의 대초원들쥐의 옥시토신 연구는 전 세계 수백 군데 실험실에서 달려들었다. 카터의 표현을 빌리자면 그야말로 '옥시토신 쓰나미'였다.

연구 중에는 옥시토신을 다른 종의 쥐에게 투여하는 실험도 있었다. 이 실험에서 옥시토신을 맞은 수컷들이 새끼 주위를 어슬렁거리면서 집안일을 거드는 것이 보였다. 더불어 옥시토신을 투여한 쥐들은 새끼를 세심하게 보살피는 행동을 포함하여 일부일처의 습성을 보였다. 대초원들쥐와 가장 가까운 친척인 목초지들쥐에게 옥시토신 효과를 일으키는 약을 투여했을 때에도 똑같은 행동 변화가 일어났다.

옥시토신에 관한 첫 연구는 들쥐 연구보다 먼저 이뤄졌다. 1950년대에 이 신경 펩타이드가 발견됐으며, 출산과 수유는 물론 성적 매력에서도 중요한 역할을 하는 것으로 인정됐다. 1970년대의 양과 쥐 실험에서도 옥시토신이 쥐와 양의 어미 새끼 간 유대를 강화시킨다는 것이 증명됐다. 하지만 옥시토신에 성교와 번식 활동 외의 역할이 있을 거라고 예측할 수 있었던 건 대초원들쥐의 사회 조직 능력을 발견한 덕분이었다.

사회성 분자

사회적 분자인 옥시토신은 뇌 속에서 만들어지고, 그것의 주된 작용을 일으키는 곳 또한 뇌 속이다. 그러나 최근에는 옥시토신을 뇌에 직접 주입할 필요가 없다는 깨달음을 얻게 되었다. 옥시토신의 직접적인 통로가 비강이기 때문이다. 즉 비강 스프레이로 코에 흩뿌리는 것만으로도 마법 같은 효력을 낼 수 있다.

이런 특성 덕분에 사람을 대상으로 하는 실험이 수월하게 그리고 대량으로 이뤄질 수 있었다. 이타주의를 테스트한 실험들은 옥시토신이 공감 능력과 이타주의를 향상시킨다는 것을 분명하게 보여 줬다. 옥시토신은 피험자들로 하여금 타인이 불공평한 일을 당한다고 느꼈을 때 기꺼이 자기 돈을 내서 돕게 했다. 뿐만 아니라 옥시토신은 사회적 기술도 향상시킨다. 예를 들면 대인 관계가 사람들의 얼굴을 알아보는 뇌의 능력에 달려 있다는 것은 연구 결과로도 증명됐는데, 옥시토신은 이 능력을 향상시키는 작용을 한다. 또한 타인의 얼굴에 나타난 감정을 인지하는 능력도 향상시킨다. 옥시토신과 관련된 모든 실험은 이 분자가 타인에 대한 신뢰를 높인다는 것을 알려 주는데, 이러한 연구의 홍수는 우리 사회가 사람들과의 관계를 얼마나 중요하게 생각하는지 잘 보여 준다.

연구는 옥시토신이 사업적인 거래에서 신뢰를 형성하는 과정에 중대한 역할을 한다는 것을 보여 준다. 경제학자들은 사업체 경영은 탄탄한 신뢰 관계에 달려 있고, 기업의 생명은 서로 간에 믿고 거래할 수 있는 관계를 만들 수 있는가의 여부에 달려 있다고 말한다. 그리고 진화의 과거로 거슬러 올라가 보면 이런 생각이 인류가 생존해 온 조건을 관통하고 있음을 알 수 있다. 집단 결속력은 인간이 환경에 적응하며 종으로서 번성하는 데 중대하게 기여했다.

옥시토신 관련 연구는 두 가지 흥미로운 점을 더 보여 준다. 사업 거래에 참여하는 사람들에게서는 다량의 옥시토신이 분비된다. 사람 간의 거래를 통해 10달러의 이익이 생기면 이 돈을 받은 사람은 옥시토신 수치가 약간 증가한다. 개와 함께할 때에도 사람은 옥시토신 수치가 증가하지만 함께한 개의 옥시토신 수치는 사람보다 배로 증가한다. 그러나 컴퓨터가 같은 일을 할 때에는 10달러를 받은 사람의 옥시토신 수치에 아무런 변화가 없음을 알 수 있다.

이 모든 이야기를 종합해 보면 왜 과학계에서 옥시토신 열풍이 일어났는지 이해될 것이다. 자폐증은 원활하게 관계를 맺지 못하는 증상이다. 얼굴을 인식하는 능력을 비롯한 여타의 사회적 기술을 향상시키는 물질이 있다면, 의사들은 당장이라도 처방을 하고 싶어 할 것인데 옥시토신이 그 능력을 발휘한다. 실제로 자폐증 관련 옥시토신 실험이 진행되었는데, 결과 또한 이 가설을 뒷받침하는 것으로 나타나자 자폐증 환자들에게 묘약처럼 보이기 시작했다. 옥시토신 분출에 관한 희망적인 메시지는 『도덕적 분자 Moral Molecule』에서 그 실마리를 찾을 수 있다.

"합성도 쉽고 스프레이를 뿌려서 코에 쉽게 투여할 수 있는 물질이 있어. 게다가 이미 사람의 뇌 속에 다량 들어 있는 물질이야. 그런데 이게 현대 의학이 가장 규명하기 어려워하는 병을 직접 건드린대. 어디 그뿐이야. 신뢰와 공감 능력, 사랑과 이해력까지 높여 준다네."

의사라면 이런 물질을 마다할 이유가 있겠는가? 거대 제약 회사들이 이 물질을 사랑하지 않을 이유가 있겠는가? 과학 잡지 《사이언스》는 2013년 1월호 기사에서 이러한 경향을 예리하게 짚어낸 바 있다.

우리 인체에서 생성되는 수많은 물질 가운데 옥시토신만큼 난리 법석을 떨게 만든 물질이 또 있을까. 최근의 신문 기사들은 이 호르몬이 단결력을 높여 월드컵 대회 우승컵을 안겨 줄 수 있고, 미국의 고위급 정보 관료들에게 이 펩타이드 보충제를 먹이면 성희롱으로 패가망신하는 꼴을 피할 수 있을 거라고 떠들어 댄다. 숨 가쁘게 쏟아지는 이런 언론 기사 가운데 도가 지나친 경우도 심심치 않으나, 이 현상은 옥시토신의 역할과 가능성에 대한 과학계의 흥분을 그대로 반영하는 것일 *뿐이다.*

그럴 수도 있을 것이다. 그러나 전에도 봐 왔던 현상이 아니던가? 특효약이라는 환상, 유일한 해법이라는 환상이 무엇을 의미하는가?

"대중은 빠른 답을 원합니다. '효과가 있다는 걸 아는데 왜 옥시토신을 약으로 만들지 않는 거지?' 하지만 그것은 오만하고 어리석은 해법에 불과합니다."

카터의 대답에는 많은 의미가 내포되어 있다. 앞서 그녀는 인간의 진화에는 옥시토신과 바소프레신이라는 두 가지 화학 물질이 큰 작용을 했다고 언급했다. 그러나 사람들은 옥시토신이라는 '음'에만 집중하고 바소프레신이라는 '양'을 놓치고 있다. 사실 이 두 물질을 '음양'으로 나누는 건 과한 표현일 수도 있다. 두 물질 모두 기능적인 면에서나 화학 구조에서나 매우 흡사하고 두 물질 모두 남녀 모두에게 중요하다. 다만 바소프레신이 남성적 편향을 강하게 보일 뿐이다.

수분 조절 분자

바소프레신 연구는 수분 조절 기능이라는 상당히 다른 분야에서 나타났다. 하지만 좀 더 면밀히 들여다보면, 바소프레신의 조절 기능은 아주 흥미롭게도 우리가 앞에서 운동을 다룰 때 등장했던 일부 요인들에 큰 영향을 미친다. 데이비드 캐리어는 달리기 위해 태어난 인간을 설명하면서 언급했던 '장시간 사냥'을 가능하게 해 주는 물질이 바소프레신이라고 밝혀냈다. 우리가 장시간 사냥 기술을 개발하게 된 곳은 메마르고 황폐

한 땅이었다. 오늘날 아프리카 원주민들과 부시맨이 장시간 사냥을 하는 곳도 사막이다. 연구자들은 아프리카 원주민들과 사냥을 통해 그들이 물을 마시지 않는 것을 눈여겨보았다. 마셜 토머스도 !쿵족에서 사냥을 나선 남자들이나 먹을거리를 채집하러 돌아다니는 여자들이 하루 종일 그늘 한 점 없는 사막에서 타조알 수액 말고는 마시는 게 아무것도 없었다고 말한다. 그 말인즉슨 수렵 채집인들에게 문명사회의 달리기 선수들이 삼십 분마다 마시는 수분 권장량이 주어진다면 작열하는 사막에서도 며칠씩 달릴 수 있다는 거다.

남아프리카공화국의 케이프타운 대학의 스포츠 과학 교수인 팀 노크스는 이 문제에 관한 방대한 연구를 진행하여 달리기하는 사람들에게 물을 많이 마시라고 권하는 조치가 잘못된 것임을 명확하게 보여 줬다. 노크스는 마라톤 시합에서 탈수 증세를 보이는 선수가 우승할 확률이 압도적으로 많다고 분석했다. 물론 탈수로 의료적 문제를 겪는 선수는 지금껏 한 사람도 없었다. 오히려 물이나 스포츠 음료를 권장량만큼 마신 선수들이 과도한 수분 섭취로 문제가 될 수 있었다. 심각한 경우 사망에 이르기도 했다.

요컨대 운동이 바소프레신의 분비를 촉진하며 더운 조건에서 달리기를 하면 바소프레신이 폭포처럼 분비되면서 체내 수분을 보존하게 해 주는 것이다. 이것이 바로 아프리카 원주민들이 사막에서 사냥에 성공할 수 있었던 비결이고, 어설픈 수분 섭취가 마라톤 주자들을 사망에까지 이르게 했다. 수분 섭취는 우리가 진화의 설계를 뒤엎을 때 어떤 일이 벌어지는지를 보여 주는 또 하나의 증거다.

여기에서 우리가 좀 더 주목해야 할 중요한 것이 있다. 바소프레신과 옥시토신 모두 운동을 했을 때 왕성하게 분비되고, 이것은 운동이 뇌에 주는 또 하나의 혜택이라는 거다. 달리기, 운동, 사회적 유대, 정서적 건강은 공통된 생화학 경로를 지닌다. 얼핏 봐서는 무관할 것 같은 요소들이 화학적으로는 밀접하게 연관되어 있다.

이 화학 물질의 사회적 측면을 다시 살펴보자. 들쥐들에게 일부일처 행동을 유발하는 것은 옥시토신만이 아니라 옥시토신과 바소프레신의 적절한 균형이다. 이 모든 작용에 정해진 옥시토신 용량 같은 것은 없다. 옥시토신이 많으면 더 감성적이고 섬세한 행동을 하게 된다는 규칙은 없다는 얘기다. 이들 사회적 적응 특징들은 옥시토신과 바소프레신 두 물질의 복합 작용이 호르몬으로 쏟아져 나옴으로써 발생하는 것이다. 하지만 성별에 따른 차이는 존재한다.

이 논의의 요소는 더욱더 중요하다. 옥시토신과 바소프레신은 갖가지 신호를 전달하는 물질인데, 그러기 위해서는 뇌 안에 각 분자를 전담하는 수용체가 필요하다. 정신을 조절하는 다른 신경 물질들이 왕성하게 분출되어 필요한 임무를 읽어 내고 성취할 수 있느냐의 여부는 이들 수용체 유전자의 수와 효율성에 달려 있다. 처음부터 이 수용체를 파고든 연구자들도 있었다. 실례로 무심하게 바람을 피우고 돌아다니는 목초지 들쥐 수컷을 책임감 강한 일부일처 대초원들쥐처럼 행동하게 만드는 실험을 했는데 이것은 옥시토신 수치를 높여서가 아니라 뇌에서 옥시토신 수용체를 강화하는 유전자 조작을 통해서였다. 옥시토신은 척추동물들에게 보편적으로 존재하는 화학 물질이지만, 종에 따라 다른 행동과 습성으로 나타나는 이유는 옥시토신 수치가 아니라 수용체의 차이에 의한 것이었다. 이것 또한 일부일처 특성이 진화의 계보를 따라 깔끔하게 나타나지 않고 여기저기서 툭툭 튀어나오는 이유를 설명해 준다. 이 수용체 유전자들이 토글스위치처럼 불쑥 들어왔다 나갔다 하는 것이다.

연구자들은 같은 종 안에서도 좀 더 다정다감한 개체와 그렇지 않은 개체가 있는 것이 이 수용체의 차이 때문이라고 믿는다. 다만 이것이 결정적인 원인은 아니다. 앞서 여러 차례 보았듯이 운동을 하거나 제짝을 제때에 만나는 일도 옥시토신의 분비를 높이지만, 유전자도 큰 역할을 한다. 유전자 제어로 어느 정도는 수용체 개수에 변화를 줄 수 있는데, 이것이 바로 카터가 지나치게 단순화된 오늘날의 연구 경향에 대해 분노하는 이유다. 코에다 옥시토신만 몇 차례 뿜어 주면 누구나 사랑과 환희에 찬 삶을 즐길 수 있다고 얘기하는 것과 뭐가 다르냐는 것이다. 카터가 이처럼 신중한 태도를 견지하는 것은 실증적 연구에서 얻은 근거와 개인적 경험 때문이다.

상생하는 법

카터의 제자인 캐런 베일스는 자폐증 아동에게 옥시토신을 투여했을 때 일어날 효과를 시뮬레이션하기 위해 고안된 들쥐 실험을 최근에 마쳤다. 예측한 대로 치료 효과가 나타나 청소년기의 들쥐는 더 온화하고 섬세한 성향을 보였다. 그러나 나이가 들수록 이들의 행동은 정중한 대초원들쥐의 사회 규범을 벗어나기 시작했다. 이 수컷들이 짝을 만나는 데 어려움을 겪었던 것이다. 어릴 때 투여한 옥시토신은 어른이 됐을 때 사회성을 높여 주기는커녕 더 떨어뜨렸다. 어려서 투여한 옥시토신이 사실상 '하향 조절' 효과를 일으켜 어린 들쥐의 정상적 수용체가 오히려 둔감해졌고, 나이가 들면서 정상 옥시토신 수치를 읽는 수용체의 능력이 점점 더 떨어졌다는 것이다. 카터는 자신의 체험을 통해서도 하향 조절 효과에 대한 설명을 더했다.

"제가 출산할 당시, 옥시토신 합성약인 피토신유도 분만제을 쓰는 경우는 극히 드물었어요. 전체 산모의 10퍼센트 내외였죠. 의사에게 피토신 투약을 허용한다면 내 아기에게 어떤 일이 일어날까 하는 걱정스러운 마음이 들어서요. 하지만 저에게는 선택권이 없었고, 피토신을 투약했어요. 저는 지금도 산모들에게 투여되는 피토신이 무척이나 우려됩니다."

물론 아기에게 직접 약을 투여하는 것은 아니다. 그러나 공기만 들이켜도 바로 몇 초 후에는 이 분자가 뇌에서 나타난다는 것이 증명된 오늘날, 자궁 속에 있는 태아는 투여 물질과 훨씬 더 직접 연결돼 있다. 카터도 지금 이 문제를 생각할 것이다. 어린 대초원들쥐에게 옥시토신을 투여했던 결과가 성체가 되어서야 비로소 나타난다는 것을 실험으로 이미 확인한 바 있으니 말이다. 아주 최근에 발표된 한 논문은 출산 때 피토신 투여와 자폐증 발병률 상승이 상관관계가 있다는 것을 보여 줬다. 카터는 최근 들어서는 감소 추세가 조금씩 보이기는 하나 피토신 투여가 여전히 관행으로 자리잡고 있으며, 전체 산모의 90퍼센트가 피토신을 사용하는 것으로 추산된다고 했다. 한편 최근의 연구 열풍은 옥시토신과 바소프레신을 약제로 개발한다는 지나치게 단편적인 의약 모델의 또 다른 문제점을 드러낸다. 최근 연구결과는 우리가 진화로부터 무엇을 배워야 할 것인지를 다시금 일깨워 줬는데, 그것은 바로 폭력성의 문제다.

옥시토신을 투여했을 때 일부일처나 강한 결속, 책임감 있는 양육 행동을 나타냈던 초기 들쥐 실험을 기억할 것이다. 카터는 옥시토신이 솟구치는 탓에 얌전하던 들쥐의 모습은 간 데 없이 '살상 무기로 돌변'한 것도 사실이라고 했다.

"그 녀석은 침입자만 보이면 맹렬하게 달려들어 죽을 듯이 싸우는 전사가 됐어요. 자기 짝하고 자식한테는 그렇게 헌신적이고 자상한 남편이자 애비인데 말이죠."

주간 과학지《사이언스》는 옥시토신 연구 현황을 개괄하면서 네덜란드 암스테르담에서 카르스턴 데 드뢰가 옥시토신 스프레이를 코에 뿌린 뒤 피험자들에게 돈을 걸고 게임을 하게 한 후 옥시토신의 효과를 평가한 연구를 소개했다. 그의 연구 내용을 보면 소금 스프레이를 맡은 남자들보다 옥시토신 스프레이를 맡은 남자들이 자기 팀 사람들에게 더 이타적으로 행동했다. 그러나 동시에 상대팀 사람들에게는 지나치게 판돈을 올리거나 거친 행동을 보였다. 2011년《미국국립과학원회보》에 실린 데 드뢰의 연구를 보면, 컴퓨터로 수행하는 과제와 사고 실험 시리즈에서 옥시토신이 피험자들의 동족 그룹 토종(네덜란드 인) 편애 현상을 높인 것으로 나타났다. 한편 일부 과제에서는 피험자들이 타민족 그룹(이 실험에서는 독일인과 중동인)에 대해 더 큰 편견을 보였다.

이것은 양날의 검이다. 옥시토신 연구의 한 가지 목표는 오늘날 우리에게 부족한 신뢰와 공감 능력, 헌신성 같은 바람직한 특성을 촉진하자는 것이었다. 하지만 과학이 이런 훌륭한 특질을 다 갖춘 귀감으로 만들어 줄 알약을 만들어 낸다면 여러분은 그것을 복용하겠는가?

아마도 큰 고민 없이 아니라고 답할 것이다. 외부자에 대한 불신이 인간들 사이에 폭력을 야기하지만, 진화의 맥락에서 볼 때 폭력이 꼭 문제이기만 한 것은 아니다. 폭력성은 유용하며 적응의 한 속성이기도 하다. 생존하기 위해서는 폭력성이 필요했으며 지금까지 그래 왔다. 따라서 오늘날에도 폭력성이 지속되는 것은, 훨씬 더 오랜 기간 동안 훨씬 더 많은 상황에서 이것이 생존에 절대적인 힘을 발휘했기 때문이다.

이 같은 결론에 실마리를 준 것은 생화학적 접근법도 진화사적 접근법도 아니었다. 존 레이티는 의사로서 극도로 폭력적인 사람들을 진료하면서 폭력성을 임상 주제로 채택했는데, 가정 폭력 사례를 다룰 때면 특히 더 생각이 많아졌다. 가정 폭력 상황에서 분노 폭발과 폭력 행동은 하나의 결정적 지점에서 공통적으로 발생하는데, 피해자 쪽인 여성이 폭력적인 상대방에게서 벗어나려고 행동을 감행할 때다. 이 행동은 비이성적이고 격렬한 분노를 유발하여 순식간에 폭발하는데 시간이 흐르면서 존은 이 폭발이 여성의 방어 행동이라는 것을 알아냈다. 떠나려는 여성의 위협은 가정에 대한 위협이며, 그 폭력은 제아무리 비이성적이고 잘못된 선택이었을지언정 가정을 지키려는 행동이다.

이런 폭력이 정당하다거나 인간의 적응적 특성이라고 주장하자는 것이 아니다. 이것은 오히려 위협을 다루는 뇌 메커니즘이 실패한 결과다. 전두엽의 집행 기능을 빼앗겨 폭력 행동이 나오는 것이다. 폭력은 비이성적이며 병적인 행동이다. 그러나 우리 유전자에는 이런 성향이 종족번식의 성공을 극대화하는 데 도움을 준 속성이라고 각인되어 있다. 이것이 바로 우리로 하여금 무리를 짓게 만드는 그 충동이다. 자기가 태어난 무리 속에서 생각이 같은 사람들과 있을 때 편안함을 느끼고 다른 무리 속에 있을 때 불편하고 거북하게 느끼는 그 경향 말이다. 그 타인 무리가 옛날에는 !쿵족, 마사이족, 아파치족, 사마르티아인이었을 것이며 지금은 기독교도와 이슬람교도, 공화당 지지자와 민주당 지지자, 이민자, 오페라 애호가, 정원사, 블루그래스 음악가, 그리고 크로스핏 클럽에서 만난 동료들일 것이다. 외부자에 대한 불신은 우리와 가장 가까운 사람들을 신뢰하게 해주는 사회적 유대감의 이면일 뿐이다.

사람의 핵심 특성

우리가 옥시토신을 통해서 부족 습성과 폭력성이라는 큰 주제에 접근해 본 것은 출산, 양육, 관계 형성이 사람의 인생에서 핵심이 되는 경험이기 때문이다.

역사 학습 만화에 자주 등장하는 동굴인 이미지만 보아도 우리 조상에 대한 오랜 편견이 보인다. 만화 속의 동굴인들은 예외 없이 방망이를 들고 있다. 이것은 악의 넘치고 야비한 홉스주의적 세계관의 확장판 그 이상도 이하도 아니지만, 이러한 세계관은 그저 만화로만 그치지 않는다. 고인류학에도 우리 종이 폭력이 지배하는 환경에서 진화해 왔다는 관점이 줄기차게 이어져 왔다. 이러한 관점이 주류를 차지하게 된 배경에는 유골 화석에 남아 있는 부러지고 패이고 두드려 맞은 흔적들이 크게 작용했을 것이다. 그러한 흔적을 끊임없는 전쟁의 증거로 해석한 것이다.

하지만 우리와 가장 가까운 유인원들 또한 인간 못지않은 상당한 폭력성을 보여 주며, 심지어는 그들 사이에서 전쟁 수준의 폭력 상황이 벌어지기도 한다. 또 캐리어의 연구도 우리 몸이 달리기에 맞게 적응했는가 하는 물음에서 출발했으나 결론은 우리 몸이 주먹질과 창던지기에도 마찬가지로 적응했다고 보았다. 폭력은 그야말로 우리 뼈와 근육에 아로새겨져 있다. 진화 심리학자 스티븐 핑커는 우리 시대가 상대적으로 평화로운 세계일 뿐, 남아 있는 기록들은 인류가 과거에 서로에게 보여 준 공격성이 지금보다도 훨씬 더 경악스러운 수준이었다고 말한다. 그는 문명의 혜택을 입고 폭력성이 감소했으며, 인류 사회는 이 폭력성을 점점 멀리하는 법을 서서히 배워 가고 있다고 말한다.

핑커는 데이터를 근거로 인류사 내내 폭력성이 존재해 왔다고 주장한다. 하지만 여기에는 시기 구분이 필요하다. 인간의 폭력적인 과거를 가장 명확하게 보여 주는 시기는 일만 년 전으로 영토와 토지 소유가 중요해졌던 시기, 즉 농경의 발전으로 도시가 건설되고 군주들이 군대를 일으킬 수 있었으며 도구의 발전으로 대규모 전쟁이 가능했던 시기였다. 수렵 채집인들이 많은 시간과 에너지를 서로 죽이는 데 썼다는 근거는 기껏해야 정황 증거일 따름이다. 가령 한 연구에서 나온 화석 유골의 혹과 골절 분석 결과가 다른 연구자의 분석으로 다른 결과를 얻는 경우가 있다고 치자. 이때 이와 비슷한 상태의 현대인 유골을 비교 분석해 보면 이들과 가장 비슷한 부상 상태를 보여 준 것은 전사가 아니라 날뛰는 짐승들과 드잡이하는 카우보이들이었다. 따라서 폭력성을 논하려면 시기 구분이 필요하며, 원시인들이 거칠고 험난한 생을 살았다고 해서 그들이 곧 폭력적이었다는 뜻은 결코 아니다.

이쯤에서 우리의 정의를 좀 더 정확하게 다듬을 필요가 있다. 우리는 수렵은 폭력 행위가 아니었다. 수렵이 살생 행위는 맞다. 유혈도 낭자했을 것이다. 그러나 수렵인의 뇌는 살인자나 전사의 뇌와는 아주 다른 상태로 작동한다. 이것은 뇌파 분석으로 아주 분명하게 증명된다. 수렵인들은 공포나 공격성 반응을 유발할 만한 위협에 직면하지 않았다. 오히려 그 반대라는 것을 여러 상황에서 살펴본 바 있다. 수렵인들은 수렵 행위에 감정을 이입했다. 프랑스 남부의 동굴 벽화에서 대평원 들소 사냥꾼들의 의례에 이르기까지, 수렵인들에 대해 알려진 많은 사실은 그들이 자신들이 포획한 먹이를 얼마나 경외하고 존중했는지 보여 준다.

그 밖에도 폭력성과 천적에 대한 방어적 폭력이 서로 다르다는 것을 보여 주는 좋은 예가 있다. 오늘날 우리가 폭력성을 이야기할 때 사자나 곰을 때려잡는 장면을 생각하지는 않지만, 그럼에도 진화의 역사에서 우리가 가장 쉽게 떠올리는 폭력 행위는 대개 천적을 물리치는 모습이다. 천적의 위협, 특히나 약하고 힘없는 아기들에 대한 위협이 오늘날의 우리를 만들었으니 그렇게 했어야 마땅한 것이다. 이것이 공격성이 타인과의 유대감을 높여 주는 옥시토신 기능의 이면이 되는 이유이다. 공격성은 동족과 협력하고 결속하기 위해서만이 아니라 우리를 보호하고 지키기 위해서 필요했던 능력이다.

그렇다면 인간의 폭력성이나 공격성은 우리의 유전자풀 구석에다 격리시켜야 할 속성일까?

인류 진화의 중요한 부분을 놓치는 것은 인간이 보고 싶은 것만 보고, 방망이 휘두르는 동굴인이 아이콘처럼 우리에게 각인되어 있기 때문이다. 하지만 골절된 뼈, 창끝, 팔다리가 잘려 나간 해골에 다른 관점으로 접근함으로써 많은 새로운 사실을 밝혀낸 것도 사실이다. 인류의 진화를 이해하려는 노력의 역사는 무엇이 우리를 정의하는가, 무엇이 먼저였는가, 무엇이 가장 중요한 역할을 했는가를 놓고 벌어지는 수많은 논쟁으로 점철되어 왔다. 큰 두뇌인가? 다른 손가락과 반대 방향으로 난 엄지손가락인가? 불의 사용인가? 낚시인가? 이 모든 주장에는 한 가지 명백한 편견이 존재한다. 바로 남자가 한 일을 중심에 놓고 바라본다는 것이다.

진화 심리학자인 사라 블래퍼 하디는 인류 진화에 대한 흥미로운 관점을 제시했다. 고대 화석을 여성을 중심으로 재분석한 것이다. 진화적 관점에서 하디의 접근법은 성적 편견을 바로잡는 것 이상의 많은 성과를 보여 줬다. 진화적 관점에서 종의 성공은 번식의 성공에 전적으로 달려 있다. 종이 지속될 수 있느냐 없느냐는 현재의 유전자군을 보존하여 다음 세대로 전달할 수 있느냐 없느냐의 문제라는 얘기다. 호모사피엔스는 한 가지 측면에서만큼은 동물계 전체에서 전례가 없을 정도로 독보적 존재라 할 수 있다. 아기를 보살피고 보호하는 데 인간만큼 많은 시간과 에너지를 쏟아붓는 종은 어디에도 없다. 하디는 이것을 인간의 생존을 설명해 주는 결정적 요인으로 보았으며 이를 '공동 육아'라고 불렀다. 인간이 한 종으로서 함께 아이를 키운다는 얘기다.

"하지만 내가 여기에서 강조하고 싶은 것은 공동 육아야말로 호미니드과의 많은 특성들이 진화할 수 있게 해 준 선행 조건이었다는 점입니다. 반드시 큰 뇌가 있어야 협동 양육을 하도록 진화하는 것은 아니겠지만, 호미니드계는 함께 보살피고 함께 먹을 것을 마련해야 했기에 큰 뇌로 진화했어요. 협동 양육이 먼저 이뤄졌어야 했거든요."

하디는 서로 협력하고 결속할 수 있는 능력이야말로 인간의 생존 기반이었다고 말한다. 하디는 자신의 저서인 『어머니와 타인 *Mothers and Others*』에서 이 주장의 핵심을 이렇게 짚었다.

"보살피는 데에 뇌가 필요한 것이 아니라 뇌가 만들어지기 위해 보살핌이 필요한 것이다."

진화에 관련된 많은 주장이 개체의 적응에 관한 논의로 이뤄져 왔다. 여기서 개체란 개별 유전자 집합을 뜻하며, 진화는 오직 이 단위를 통해서만 작동한다. 하지만 개미, 흰개미, 대초원들쥐, 인간 등 사회적 동물에 대한 연구가 두드러지면서 연구자들은 집단 적응이 존재한다는 생각을 하게 됐다. 말하자면 우리가 집단으로서 성공적으로 협력하고 응집한 정도가 우리 종의 생존에 확실한 이점으로 작용했다는 뜻이다. 여기에서 개체 선택이 아닌 집단 선택설이 제창됐으며, 이 가설은 여전히 논쟁 중이다. 그리고 우리가 의식하든 의식하지 못하든 모든 사람의 뇌에서는 매순간 갈등이 벌어진다. 개인의 이익이 되는지 집단의 이익이 되는지, 우리 뇌에서는 이기적 행동 대 이타적 행동으로 끊임없이 논쟁을 벌이는

것이다. 진화적 관점에서는 두 행동 모두 이점이 있으므로 우리는 두 메
시지를 놓치지 않게 주의를 기울이도록 설계되어 있다. 그리고 진화 생
물학자 에드워드 윌슨의 주장에서 우리는 그 답을 찾을 수 있다.

"(중략) 진화 과정에 뿌리를 두고 있는 한 인간은 늘 소란한 상태 속에 있
게 될 것이다. 우리 본성 안에는 최악의 것과 최고의 것이 공존하고 있으며
언제까지나 그럴 것이다. 그것을 제거해 버린다면 우리는 지금보다 더 열등
한 존재가 될 것이다."

고인류학자들은 인류가 시작된 이래로 부족 생활이 인간을 정의하는 가장 두드러진 특성의 하나라고 본다. 강한 결속력이 호모사피엔스가 직립 보행 유인원 가운데 유일하게 살아남아 고지를 선점할 수 있었던 유일한 요인은 아닐지라도 중대한 요인으로는 작용했을 것이다.

chapter 9

건강과
행복의
상관관계를
찾아라

"수가 물건을 치워 두면 저는 그걸 열심히 찾아다니지요."

옥시토신을 연구한 수 카터의 남편 스티븐 포지스가 볼멘 목소리로 말했고, 카터는 자신의 남편을 빙그레 웃으며 쳐다봤다.

"언제는 내가 본인 연구에 도움을 주는 거라고 하더니……."

"하긴 그렇지. 이건 말입니다. 다른 사람의 의도를 잘 알아서 나오는 거예요. 사람의 의도와 해석, 그러니까 그 의도에 대한 피드백이 있을 때, 행동이 수정되거든요."

이렇게 말하는 스티븐 포지스는 일평생 사회적 유대의 신경 구조, 특히 열 번째 머릿골 신경으로 운동과 지각의 섬유를 포함하여 내장의 대부분에 분포하고 있는 신경인 미주 신경을 연구한 학자다. 재밌는 건 사회적 유대를 형성하는 옥시토신을 연구하는 수 카터와 그것을 둘러싼 신경 구조를 연구하는 학자가 한집에 살고 있다는 거다. 그리고 그들의 대화를 살펴보면 지금까지 우리가 다뤄 온 모든 주제를 한데 묶어 주고 있다. 그야, 그동안 우리의 주제가 미주 신경과 중추 신경계를 타고 오갔을 테니까.

우선 진화가 인간의 건강과 행복을 위해 일어난 거라고 가정할 때, 그 궁극적 힘은 사회적 유대라고 했던 것을 기억하자. 더불어 뇌와 운동, 먹을 것과 마음 챙김과 휴식, 그 외 모든 것이 우리가 타인과 관계를 맺는 데 필요한 공감 능력으로 귀결된다는 사실도 기억하자. 다른 어떤 능력보다 인간의 사회적 유대와 공감 능력에 우리 뇌가 가장 많은 에너지를 소모하며, 이것은 인간을 최고의 사회적 동물로 만들어 주는 능력이다. 진화적 맥락에서 살펴볼 때, 인간이 사회적 동물로 살아가기 위해 스트레스와 두려움과 공포, 그 밖의 부정적인 감정을 일으키는 것에는 아주 밀접한 관계가 있다.

성장기를 칼라하리 사막에서 !쿵족 사람들과 보낸 작가 마셜 토머스는 !쿵족 사람들이 사자를 다루는 태도에 대해 많은 이야기를 썼다. 마셜 토머스가 만난 !쿵족 사람들은 우리 인류가 그래왔듯 사자를 그야말로 천적으로 대했다. 하지만 !쿵족 사람들과 밤의 지배자인 사자의 관계는 아주 정교하게 짜인 직물 같았다.

"우리가 만났던 !쿵족 사람들의 마음속에서 사자는 경외감을 불러일으키는 존재였다."

그들이 느낀 것은 '공포'가 아닌 '경외감'이었다.

마셜 토머스는 사자와 !쿵족 사람들이 마주치는 장면을 여러 차례 목격했는데, 그들은 사자 앞에서 결코 피하는 법이 없었다. 이가 덜덜 떨리는 이 절체절명의 상황에서 그들은 공포에 대한 생물학적 반응이라 할 만한 그 어떤 행동도 드러내지 않았다. 그들은 싸우거나 달아나거나 얼어붙는 법이 없이 경의를 표했을 뿐이다. 그러고는 사자로부터 달아나기 는커녕 일종의 '의전'을 거행했다. 의전의 첫 단계는 걷기다. 조용한 걸음으로 서두르지 않고 걷되 사자를 향한 일직선이 아닌 약간 비스듬한 각도로 걸어갔다. 그러면서 그 사자가 !쿵족의 원로라도 되는 양 아주 절제된 어조로 경의를 담아 사자에게 말을 걸기도 했다.

야생에서 회색 곰을 직접 맞닥뜨렸던 리처드 매닝도 이 의전을 똑같이 써먹었다. 곰을 연구하는 생물학자들도 덩치 큰 천적 동물을 만났을 때는 이런 방식으로 대처하라고 권한 바 있다. 이 같은 고대 전통은 천적을 마주쳤을 때뿐만 아니라 현대사회에서 만나게 되는 어려운 상황에서도 유효하다. 포지스는 이 의전의 근원을 우리 몸에서 가장 오래된 구불구불한 신경, 즉 미주 신경의 발달 과정을 통해 추적할 수 있다고 여긴다. 미주 신경의 영어 명칭인 'vagus'는 방랑자 vagabond 라는 뜻으로 우리 몸의 시간 여행자로 간주할 수 있다.

원시적 신경

포지스는 신경 과학계에서 독보적인 인물로 통한다. 독자적인 인간 행동 가설을 제창했던 그에게 조수와 문하생을 자처하는 사람들이 모여들었고 그 속에서 각종 응용 프로그램들이 개발됐다. 우리는 센터 포 디스커버리 뉴욕 지부에서 MIT연구원 매튜 굿윈을 만났는데, 그는 포지스의 가설을 기반으로 자폐증 환자들의 격렬한 발작을 추적하고 예측하는 프로그램을 개발하여 원격 계측기로 만들었다. 인간의 의식 상태를 측정 가능하고 판독 가능한 물리적 상태로 표현해 내는 이 심리 파동 계측기는 포지스가 수십 년 전에 구상했던 바로 그것이다.

우리 뇌에서 가장 원시적인 아래쪽 부위와 유일하게 연결되어 있는 신경인 미주 신경은 뇌 하부로부터 길고 복잡한 경로로 뻗어 나온다는 의미다. 다른 신경들이 안구에서 뇌로 곧장 연결되는 데 반해 미주 신경은 아래쪽으로, 그러니까 목으로 내려가다가 사방으로 갈라져 나와 우리 몸의 중앙을 따라 내장 기관들에서 생식선까지 이어진다. 미주 신경은 그 일부가 방향을 틀어 도로 위쪽으로 가기도 하고, 목구멍을 따라 후두, 귀, 얼굴 근육으로 뻗기도 한다. 그렇다면 미주 신경은 곳곳에 흩어진 기관들과 어떻게 연결되고, 그 기능은 무엇일까? 심장에서 하는 일과 눈꼬리의 주름에서 하는 일은 무슨 관계가 있을까?

미주 신경의 구불구불 얽히고설킨 경로는 인간의 진화 과정을 고스란히 반영하며 아주 오래된 신경임을 확실하게 보여 준다. 미주 신경의 경로는 곧장 가슴과 심장 박동으로 이동하지만 다시 위쪽으로 방향을 틀고 올라가 아주 먼 조상의 아가미를 기원으로 하는 신경 구조물로 연결된다. 이것을 자율 신경계라고 하는데 우리 몸속 장기들의 자율 반응을 조절하는 아주 중요한 곳이다. 자율 신경계의 핵심 임무는 외부의 위협과 공포, 사자에 대한 자율 반응을 조절하는 것으로 싸울 것인지 달아날 것인지 죽은 척할 것인지를 결정하는 통제 본부다.

어떤 위협이 나타나면, 미주 신경과 나머지 자율 신경계가 각각 담당하는 부위들을 통제하여 위 전략들 가운데 어떤 것을 취할 것인지를 조절한다. 가령 심박수가 상승하고 호흡이 빨라지면, 싸우거나 도망치는 데 필요한 에너지를 넉넉하게 공급하기 위한 작용이 일어난다. 에너지를 모으기 위해 소화기 계통에서 차단 작용이 일어나며 이는 생식선에서도 마찬가지다. 면역 반응도 같은 작용이 일어난다. 얼굴 근육은 수축되고 일그러져 격분한 표정이 만들어진다. 후두는 다급한 목소리를 내기 위해 잔뜩 조여진다. 이것이 데프콘 1단계의 우리 몸 상태다. 그러다 위협이 지나가면 미주 신경은 이 모든 것을 원상 복귀시킨다. 흥분에서부터 이완까지가 하나의 주기인데, 이는 위험 상황에 성공적으로 대처하게 해주는 특성이다.

위험 상황이 되면 차단 작용은 일어날 것이라고 으레 생각하겠지만, 저절로 그렇게 되는 것은 아니다. 공포 반응은 혼자서 저절로 멈춰지는 것이 아니라 또다시 별개로 일련의 신호가 전달되어야 한다. 다만 반복적으로 학대를 당하거나 공포에 질린 상태로 오랜 세월을 지내게 되면 스위치가 고장 난 것처럼 정상 상태로 돌아갈 능력을 상실한다. 신경 조직의 형성이 완성되지 않은 어린아이들은 이 능력을 상실하기 쉬운데 복원 능력을 상실하면 평생을 공포 속에서 살아가게 된다. 따라서 자율 신경계의 작동 경로를 추적해 보면 심리적인 문제가 각종 소화기 계통 문제, 발기 부전, 취약한 면역 반응, 고혈압, 심박수 상승, 굳은 얼굴 같은 몸의 문제로 발현되는 경우가 얼마나 많은지 알 수 있다.

제동

애초에 포지스가 미주 신경에 관심을 갖게 된 계기는 심리 상태가 어째서 신체 반응으로 나타날까 하는 호기심에서였다. 그는 미주 신경이 양 방향으로 작용하는 것을 발견하면서 연구에 몰입하게 되었는데 미주 신경은 장기들에게 쉬라는 신호를 보낼 뿐만 아니라 장기들이 어떤 상태인지를 뇌에게 보고하기도 한다. 이것이 미주 신경의 제동 brake이다.

미주 신경에 제동이 걸려 있는 상태는 아주 간단한 방법으로 측정이 가능하다. 얼굴 근육의 긴장 여부를 읽어 내거나 목소리가 떨리거나 날카로운지를 듣거나 호흡 속도를 재면 알 수 있다. 그러나 심장에서는 문제가 생길 수 있는데, 호흡 동성 부정맥이라는 포착이 쉽지 않은 신호가하나 있다. 미주 신경 제동이 발동되면 심장 박동이 잔잔해지고 호흡은 들쭉날쭉하게 비대칭 리듬으로 심장 박동과 어긋나게 나온다. 이것이 호흡 부정맥이며, 심장 박동과 어긋나는 호흡 상태는 그래프로 아주 또렷이 읽을 수 있다. 나아가 포지스는 미주 신경 긴장이라는 것이 있다면서 근 긴장과 완전히 같은 현상이라고 설명한다. 긴장 상태가 그 사람이 제동 능력을 얼마나 활성화시킬 수 있는지를 명확하게 보여 준다고 한다. 미주 신경 긴장은 부정맥에서 널리 확인된다. 다른 사람들과 어울리는 것이 편안한 사람들에게서 미주 신경 긴장이 훨씬 강하게 나타난다.

좀 더 구체적으로 이야기해 보자. 사회적 결속, 신뢰와 이해를 기반으로 타인과 관계를 맺는 능력이 동물계 전체로 볼 때는 아주 별난 행동이다. 이것을 우리 인간만큼 잘하는 종은 거의 없고, 이런 행동을 할 줄 아는 동물은 우리 곁에서 지내는 경향이 있다. 개가 그 대표적인 예다. 포지스는 이 현상이 미주 신경 제동 능력을 다룰 줄 아는 종이 아주 드물기 때문이라고 설명한다. 예컨대 자신이 카터와 함께 살면서 서로의 의견을 주고받을 수 있는 것도 자율 신경계에 명령할 수 있고, 미주 신경 제동 장치가 있어서라는 게 포지스의 설명이다. 미주 신경이 외부의 위협에 대응하는 데 필요한 일체의 수단을 다 연결시킨다면, 미주 신경 제동은 위협 대응 활동에서 일제히 철수하고 휴식하라고 자율 신경계에서 보내는 신호다.

이런 설명을 들으면 우리가 일상에서 사용하는 은유적인 표현들에 은

유 이상의 의미가 담겨 있다는 생각이 든다. 냉철한 이성주의자들은 '마음 깊이 알고 있다.'거나 '그 일엔 마음이 가질 않아요.' 같은 말이 그저 흐리멍덩한 사고를 은폐하는 표현일 뿐이라고 받아들인다. 기계적 관점에서 볼 때 심장은 여전히 하나의 펌프, 지하실에서 돌아가는 보일러의 물 돌리는 펌프와 크게 다르지 않은 기관일 뿐이다. 과학계에서도 장 신경계를 우리 몸의 '제2의 뇌'로 인정하기 시작했다. 소화기 계통에 자체의 강건한 신경 집합이 있다는 것은 오래전부터 알려져 있었지만, 최근의 연구에서 이 계통이 소화 조절 기능 이상의 일을 해낸다는 것이 밝혀졌다. 소화기 계통의 신경은 신경 전달 물질로 가득하며 실제로 우리가 육체적으로 정신적으로 상태가 좋다거나 이상이 있는 것 같다고 느끼는 데에는 이들 물질이 큰 역할을 하는 것으로 보인다. 어떤 결정을 내리는 과정에도 중요한 역할을 하는데, 그렇기에 장 신경계를 '제2의 뇌'라고 부르는 것이다. 더불어 앞으로는 '직감'을 그냥 흘려보내서는 안 된다는 것이 물리적으로 증명된 셈이다.

하지만 우리의 언어를 들여다보면 심장과 내장이 우리의 정서와 깊이 연관되어 있다는 것을 본능적으로 이해했던 것 같다. 그러나 지금까지 우리가 제시한 근거들을 가지고 이렇게까지 이야기하는 것은 좀 과할지도 모른다. 다 좋다. 심박수가 하나의 측정 기준이 된다 치자. 그게 뭐 어떻다는 얘긴가? 그래봤자 호흡 속도나 피부 전기 반응, 얼굴 근육의 일그러짐 같은 것보다 약간 더 정밀할 뿐이지 않은가?

하지만 포지스는 결코 그렇지 않다고 답한다. 미주 신경 긴장은 호흡으로 유발되는데, 그 연관 관계는 계측 도표를 보면 더 분명하게 확인된다. 인간이라면 호흡을 어느 정도 제어할 수 있다. 이것은 단순히 흥분 상태를 측정하거나 감지하는 것으로 그치는 것이 아니라 오히려 흥분을 제어할 수 있느냐 없느냐를 보여 주는 문제다. 따라서 미주 신경의 긴장은 제어 능력이 결여됐을 때 발생할 수 있는 건강 문제까지도 파악할 수 있게 해 준다.

몸이 정신 건강에 관여한다는 것은 우울증을 연구하는 사람들이 억지로라도 웃으면 우울증을 나타내는 뇌 부위가 호전된다는 사실을 밝히면서 알려졌다. 인생이 달라진 게 없는데 웃는 것만으로 우울증 해소가 가능하단 말인가? 신경 과학이 별것 아닌 이 흥미로운 정보를 다듬는 데 수년이 걸렸는데 어정쩡하게 억지로 웃는 것은 뇌 안의 행복감 상승과 관련된 뉴런을 활성화시키지 못한다. 그러나 억지웃음이라도 눈꼬리 근육까지 움직여 주위 사람들이 알아볼 수 있을 정도로 웃었을 때는 이들 뉴런이 확실하게 활성화됐다. 이 눈꼬리 근육에 연결돼 있는 것이 바로 미주 신경이다.

하지만 이 가설이 정말로 적중한 지점은 호흡이었다. 우리가 한 번 호흡을 고를 때마다 자율 신경계라는 경보장치를 통해 하게 된다. 포지스는 이미 오래전에 음악의 리듬에 맞추어 호흡을 조절하면서 행동은 동시에 뇌가 악기 연주를 수행하는 것이 일종의 정신 치료와 같은 작용을 한다는 것을 알아냈다.

호흡을 제어하는 것은 요가의 가장 보편적인 요소이며, 명상이나 '실증적 치료법'인 인지 행동 치료에서도 호흡 제어가 기본 요소인 것은 마찬가지다. 호흡 조절 행동은 공포와 위험에 처했을 때 우리 뇌가 본능적으로 보이는 반응과 흡사하다. 요가 같은 수행법이 이런 효과를 낸다는 것은 쉽게 이해될 것이다. 하지만 우리 사회의 유구한 문화 양식 속에서도 유사한 효과를 찾아볼 수 있다. 가령 합창이나 그레고리오 성가, 블루그래스나 찬송가에서 유래한 블루스 음악, 아프리카 노예들이 억압적인 노동 환경을 견뎌내기 위해 불렀던 노동요에 그런 효과가 있었다.

사실 이 가설에는 음악적 요소가 확고하게 자리잡고 있다. 자율 신경계는 포지스가 운율 체계prosody 라고 부르는 요소를 추적하는 데 치중하는 경향이 있다. 운율 체계란 우리가 노래, 시 낭송, 염불 같은 음악에서 연상하는 경쾌하고 활발한 리듬과 선율을 가리킨다. 동물이나 아기에게 이야기할 때 우리 목소리에서 나타나는 이 운율 체계는 우리 삶의 토대가 되는 어머니와의 관계에서 쓰이는 언어다. !쿵족 사람들이 사자와 마주쳤을 때 하는 말에도 운율 체계가 사용된다.

신경 과학자 이언 매길크리스트는 사람의 발달 과정에서 음악이 언어에 선행한다고 주장한다. 그것이 더 중요하고 더 필요하며, 진화 과정에서 조류와 고래 같은 다른 동물들에 의해서 이미 발달한 것이기 때문이는 것이다. 언어는 의사소통의 수단일 뿐이다. 음악과 경쾌한 리듬의 운율 체계 같은 음악적 요소들은 다른 사람과의 유대를 더 용이하게 해 주며 다른 동물들, 심지어 천적들과의 유대까지도 형성시켜 준다. 그 같은 유대 활동을 벌이는 과정에서 호흡 능력이 강화된다.

육체적 건강과의 관계

미주 신경의 활동은 우리의 정서적 건강 너머의 영역에도 영향을 미칠 수 있다. 많은 현대인이 겪는 육체 질환이 미주 신경과 장 신경계의 영역 안에서 일어나기 때문이다. 요가 수련이나 합창단 활동이 어쩌면 과민대장증후군이나 뚜렷한 이유 없이 지속되는 뒷목 통증 같은 질환에 지렛대 역할을 할 수도 있다는 얘기다. 둘 다 호흡의 신호 전달 경로와 관련 있는 기관이기 때문이다.

그렇다면 운동은 어떤가? 힘차게 달려 폐와 심장에 활기를 불어넣는 것은?

포지스는 경우에 따라 다르다고 말한다. 잘못했을 경우에는 운동이 정서 반응을 잘못된 방향으로 몰아갈 수 있다. 운동의 효과는 흥분인데, 신체적 흥분은 이완의 반대 작용이기 때문이다. 하지만 이것은 보이는 것처럼 모순된 작용만은 아니다. 대부분의 동물들은 완전한 흥분 아니면 완전한 휴식, 둘 중 하나를 선택하지만 사람의 정교한 자율 신경계는 둘 다를 동시해 성취할 수 있다. 이 모순된 작용을 다룰 수 있는 우리의 능력을 가장 잘 보여 주는 것이 성교일 것이다. 이는 심장 박동이 치솟는 듯한 흥분 상태인 동시에 정서적으로 상대방에게 열린 마음으로 교감하는, 말하자면 신뢰가 요구되는 상태다. 사람의 뛰어난 조절 능력은 이 흥분과 교감이 동시에 발생하는 상황을 능숙하게 다룰 수 있으며, 이 능력은 다른 사회적 상호 작용에서도 마찬가지로 큰 힘을 발휘한다.

포지스의 관점에서 볼 때 헬스클럽 운동은 문제가 있는 운동이 아닐 수 없다. 그는 러닝머신이나 고정 자전거를 냅다 달리면서 귀에는 이어폰을 꽂아 진짜 세계에서 들어오는 모든 청각 신호를 차단한 채 강렬한 이미지를 끊임없이 돌리는 텔레비전 뉴스를 보며 파충류 뇌reptilian brain의 신경을 자극하게 된다. 이러한 달리기는 '도망치기'의 달리기라는 점을 기억하자. 공포를 최고조로 끌어올리며 달리는데 그 대안이 바로 그룹 활동이다. 다른 사람들과 함께 뛰고 함께하는 운동, 인류가 오랜 세월 선호해 온 것으로 보이는 바로 그것이다. 따라서 헬스클럽에서 올바르게 운동할 수만 있다면 도망치는 상태의 흥분을 일으키는 동시에 동료와 경쟁자들과의 유대, 자연과 야외가 주는 풍부한 감각 정보를 제공해 줄 수 있다. 흥분과 유대가 동시에 활성화된다는 것은 사람들과 함께 하는 이 복잡한 형태의 운동에 심장, 신체, 정신이 왕성하게 관여한다는 뜻이다. 그런 의미에서 에바 셀허브와 매트 오툴이 크로스핏 운동에 열광하는 근거가 더 확고해진다. 그뿐만이 아니다. 크로스핏은 장시간 사냥 같은 원시적 활동의 의미를 더 심도 있게 이해하도록 해 준다. 장시간 사냥은 구성원들 간에 고도의 결속과 소통이 요구되는 활동이라 추적하는 동물의 움직임에 대한 본능적 이해력과 예측력이 필요한데, 크로스핏을 관찰한 연구자들은 이것이야말로 공감 능력의 토대가 되는 기술이라고 기록했다.

트라우마

미주 신경은 신뢰와 사회적 유대에도 중심적 역할을 하지만 공포에도 중심적 역할을 한다. 현대를 살아가는 너무나 많은 사람들이 파충류 뇌에서 작동하는 이 반응 속에서 살아간다.

이 주제에 관해서 그 누구보다 많은 연구를 한 사람은 트라우마 전문가인 베셀 판 더르 콜크이다. 네덜란드에서 자라고 보스턴에서 정신과 임상의로 활동했던 판 더르 콜크는 베트남 전쟁에 참전한 후 정신적 문제로 시달리던 퇴역군인 치료에 참여하게 됐다. 당시에는 이런 질환의 원인에 대한 이해가 모호했던 탓에 '트라우마' 대신 '포탄 충격 shell-shock'이나 '전장 피로 battle fatigue' 같은 명칭을 사용했다. 하지만 이 시기를 연구한 뒤로 정신의학계에서는 이 문제를 '외상 후 스트레스 장애 PTSD'라고 정식 진단하게 됐는데, 이 진단명을 결정하는 데 기여한 사람이 바로 판 더르 콜크였다.

그로부터 얼마 지나지 않아서 그는 이 문제가 많은 어린이를 괴롭히고 있다는 사실에 주목, 의회가 승인한 전국 네트워크를 설립하고 '발달상의 트라우마'라는 문제를 연구하기 시작했다. 어린이가 겪는 트라우마와 성인이 겪는 트라우마의 차이는 대단히 중요했기 때문에 그 자체가 하나의 연구 분야가 되기도 했다. 뇌가 형성되어 가는 어린 시절에 학대를 받으면 뇌의 신경반응 패턴이 '싸우기-도망치기-얼어붙기'로 굳어진다. 이는 아동기에 경험했던 트라우마의 효과가 사라지지 않을 뿐만 아니라 성인기에까지 지대한 영향을 미친다는 뜻이기도 하다. 그 양상 또한 충격적이어서 사회 문제로 부각되기도 한다.

미국질병통제예방센터가 캘리포니아의 중산층 성인 취업자 17,000명의 아동 학대 경험을 미국 전체 조기 사망의 주요 원인인 심혈관질환, 당뇨병, 뇌졸중, 간 질환과 대조 평가했던 기념비적 연구는 이 문제에 대한 시각을 바꾸는 데 결정적으로 이바지했다.

연구자들이 가장 먼저 알아낸 것은 대다수의 사람들이 살면서 놀랄 만큼 많은 학대를 경험한다는 사실이었다. 육체적, 정신적, 성적 학대는 물론이거니와 폭력적인 부모나 알코올 중독자 부모 밑에서 성장하는 문제까지 다양하다. 더욱 중요한 점은 학대 경험이 성인기 이후의 나쁜 건강 상태를 예고할 뿐만 아니라 학대 경험의 양이 성인기 이후의 심각한 건강 상태와 직결된다는 사실이었다. 이를 역학 용어로는 '용량 의존 상태'라고 한다.

어린 시절에 학대받은 사람들은 성인이 되어 알코올, 마약, 담배 따위로 이른바 '자가 치료'를 하는 경향을 보이는데, 이런 행동이 나중에 발생하는 건강 문제의 원인이 된다. 연구자들이 통계기법을 이용해 이 경향을 분석한 결과, 아동 학대에 대한 직접 반응임이 밝혀졌다. 얼핏 생각하면 이상한 연관 관계로 느껴질 수도 있겠지만, 문제의 질환들이 심장, 폐 같은 기관과 소화와 면역 반응에 영향을 미치며 모두가 미주 신경의 영역에 들어 있다는 점을 생각하면 수긍이 될 것이다.

판 더르 콜크는 '트라우마는 몸 안에 살고 있다.'고 자주 이야기하는데, 이 말은 미주 신경의 영향력을 설명해 주는 동시에 콜크 자신의 이력을 보여 주기도 한다. 콜크는 평생을 정신 의학에 종사해 왔으면서도 자신이 트라우마를 통해서 배운 것이 있다면 심리 치료를 그만둬야 한다는 것밖에는 없다고 단언한다. 말하기 요법에 대해서는 그저 '수다 떠는 시간'에 불과하다고 코웃음을 친다.

"트라우마는 고정되어 있는 상태, 움직이지 못하는 상태의 문제입니다. 사람들이 박자에 맞추어 함께 율동하듯 움직이는 것이 효과가 있습니다."

이 문제를 수십 년 동안 다뤄 왔던 그는 사람들을 움직이게 하는 것만이 치료 효과를 낸다고 했다.

어려서 학대를 당한 사람들 중에는 보통의 정상적인 얼어붙기 상태인 경우도 종종 있다. 얼어붙는 반응 자체는 진화가 우리에게 준 무기다. 이런 트라우마 반응은 유전자나 뉴런의 결함 또는 정신병이 아니라 비정상적인 상황에서 인간이 내보이는 정상적인 반응이다. 하지만 진화는 그 위험이 지나가면 정상 상태로 복귀해 다시 자연스럽게 움직이도록 가르쳤다. 문제는 어린이와 외상 후 스트레스 장애로 고통받는 군인들에게는 그 위험과 공포가 끊임없이 반복적으로 일어나고 있다는 데 있다. 이런 상태로 일상을 살다 보니 우리 몸이 경보 장치를 끄고 정상으로 돌아가는 데 필요한 생화학적 신경 계통이 얼어붙기 반응 상태로 고정돼 버린 것이다. 그러면서 몸도 같이 굳어 버린다. 완전한 마비 상태는 아니지만, 신체 일부가 공포로 인해 실제로 얼어붙는 것이다.

판 더르 콜크는 공포와 정신적 외상은 인류가 존재해 온 이래로 우리가 계속 겪어 왔던 문제이며, 우리에게는 유구한 세월을 통해 검증되어 온 대처법이 있을 거라고 주장한다. 그리고 판 더르 콜크가 이 문제의 대처법으로 다른 사람들과 함께하는 리듬감 있는 움직임, 호흡 조절, 목소리 울림을 통한 방법을 찾아냈다. 또 판 더르 콜크는 요가 수련이나 중국의 오래된 건강 수련법인 기공을 권한다. 명상도 좋은 방법이다. 다양한 장르의 춤과 찬송도 있다. 연극에도 관심이 많은 그는 상처를 극복하기 위한 방법으로 폭력의 피해자인 고등학생들이 직접 음악극 대본을 쓰고 무대를 연출하여 성공을 거둔 프로젝트들을 사례로 들었다. 그 가운데는 셰익스피어극 전문 배우인 티나 패커가 이끄는 '재판소의 셰익스피어 *Shakespeare in the Courts*'라는 프로젝트가 있는데, 본래의 리듬감 있는 대사에 '살해', '아버지', '피' 같은 자극적인 어휘를 섞어 대중 앞에서 내면의 감정적 문제를 표출하고 그것을 극복해 냈다.

판 데르 콜크가 제안한 방법이 대단히 새로운 것은 아니다. 판 데르 콜크는 서양 연극의 뿌리인 그리스 비극의 경우, 대중 앞에서 감정을 분출하는 부분이 현대극보다 훨씬 더 많았다는 점을 지적했다. 그는 폭력적인 당시 사회에서 이들 의례가 발전한 것이나 현대사회에서 이런 양식이 효과를 보는 이유가 크게 다르지 않을 것이라고 보았다. 이들 요소는 심리적 외상과 우리 몸의 복잡한 장 신경계에 대해서 밝혀지는 사실들과도 일맥상통한다. 사실 호흡 조절, 리듬, 전신의 움직임, 서사, 사회적 유대, 인간관계, 이 모든 것이 우리 존재의 중심부에 가해지는 물리적 자극이다.

"다른 사람들과 같이 리듬감 있게 움직이다 보면 웃음이 나올 수밖에 없어요."

그렇다. 판 데르 콜크의 말대로 웃음이 트라우마를 이기는 것이다.

스트레스

스트레스.

위험과 힘겨운 문제에 대해 말할 때마다 어김없이 나오는 단어다. 그러나 지금부터 '스트레스'라는 용어를 쓰지 않으려고 한다. 스트레스라는 개념에서 바람을 빼고 나면 항상성 개념 또한 의미가 약화될 것인데, 이것이 바로 우리가 지금 해야 할 일이다.

몇몇 첨단 기술을 가진 기업들이 신개념의 가정용 자동 온도 조절 장치를 판매하기 시작했으니, 그 둘의 차이를 설명하기가 한결 쉬워졌다. 항상성은 자동 온도 조절 장치와 같으며, 어떤 면에서는 실제로 똑같은 원리로 작동한다. 더운 날 있는 힘을 다해 달리면 체온이 기본 설정값인 36.5도 이상으로 상승한다. 그러면 땀을 흘려 수분을 내보냄으로써 체온은 설정값으로 돌아온다. 심박수, 호흡, 혈압, 허기, 갈증 등이 설정값이라는 안정된 상태를 유지하기 위해 작동하는 우리 몸의 메커니즘, 항상성으로 말이다. 더 쉽게 말하자면 벽에 붙어 있는 자동 온도 조절 장치 같은 장치인 것이다. 기온과 난방 또는 에어컨의 온도를 설정해 놓으면 자동 조절 장치가 설정 온도에 맞추어 켜졌다 꺼졌다 돌아간다. 우리 몸이 적어도 백여 년 동안 그렇게 작동해 왔다고 보면 될 것이다.

그러나 새로 나온 첨단 자동 온도 조절 장치는 단순히 메모리와 프로그램으로 돌아가는 것이 아니라 우리의 행동 습관을 학습하고 기억해서 예측한다. 그래서 이 장치는 우리가 추운 날 잠자리에서 일어날 때면 미리 알고서 난방을 켠다. 우리의 다음 행동을 알고 있는 것이다.

새 가설은 이 방식이 우리 몸의 메커니즘에 더 맞는다고 주장한다. 다만 우리 몸이 이 장치보다 좀 더 정교한데 벽에 붙어 있는 자동 온도 조절 장치와 달리 우리 사람에게는 큰 뇌가 있기 때문이다. 신경 과학자 피터 스털링은 항상성 개념을 현대화하는 데 중요한 전기가 된 논문의 서론에서 그 차이를 다음과 같이 설명했다.

> 표준 조절 모형, 즉 '항상성'의 전제에는 결함이 있다. 조절 작용의 목표는 내적 환경의 항상성을 보존하자는 것이 아니다. 그보다는 생존과 번식 가능성을 높이기 위해서 내적 환경을 끊임없이 조절한다고 봐야 한다. 조절 메커니즘은 효율적일 필요가 있는데, 피드백 시스템을 통해 오류를 교정하는 항상성은 본질적으로 비효율적이다. 따라서 피드백 정보가 도처에서 들어오는 것은 분명하지만, 이것이 주요 조절 메커니즘이 될 수는 없다. 새로운 모형인 '알로스테이시스 몸이 환경의 변화에 적응하여 체내 기관들을 재조정하는 능력'이 효율적인 조절 메커니즘이란 욕구가 일어나기 전에 예측하여 준비함으로써 먼저 충족시키는 것이 되어야 한다고 제안하기 때문이다.

달리 설명하자면 항상성은 안정 상태만을 가져다주는데, 생명에 있어 안정 상태란 말 그대로 막다른 골목이다. 생명체에게 유일하게 안정된 조건은 죽음뿐이다. 우리 몸의 시스템은 성장을 허용하지 않으면 안 된다. 그러자면 단순히 기존의 조건에 적응하는 것 이상의 작용이 필요하다. 우리의 생명 시스템은 오늘 날아오는 펀치와 같은 방향으로 움직여 충격을 흡수해서 내일 날아올 주먹을 받아낼 역량을 키워 놓지 않으면 안 된다.

알로스테이시스는 첨단 자동 온도 조절 장치 이상의 특성을 보여 준다. 자동 온도 조절 장치는 한 가정의 한 시스템만을 제어하지만 우리 몸은 순환기, 소화기, 면역 체계, 신경계, 장 신경계 등 여러 계통이 연동하며 돌아가는 시스템이다. 스털링은 자동차의 효율성을 잘 아는 디자이너라면 이미 알고 있을 사항을 지적한다. 이들 각 시스템이 자체의 에너지 보유량이 있어서 필요할 때마다 독자적으로 공급하는 방식이라면, 전체 시스템은 과도한 내부 설계로 인해 결국 효율성이 떨어질 수밖에 없다. 이보다는 각각의 기관들이 서로 에너지를 빌려 쓰는 것이 훨씬 효율성이 높을 것이다. '싸우기-도망치기-얼어붙기' 반응 상황에서 소화기 계통과 면역 체계가 차단되는 것은 오로지 근육에게 그 에너지를 쓸 수 있게 해 주기 위해서다.

이 원리는 특정 기능 부전이나 질환을 치료할 때 해당 기관만 고려하는 것이 왜 문제인지를 잘 설명해 준다. 문제를 야기하는 과부하가 다른 신체 부위에도 함께 작용할 수 있으며, 이것이 외상 후 스트레스 장애 같은 '정신적' 문제가 소화기 질환 문제로 나타나고 신체 부위로 치료될 수 있는 이유다. 수면 부족의 대가로 스트레스를 지불받는다고 했던 캐럴 워스만의 주장이 옳은 것도 이 때문이다. 당면한 욕구를 충족시키려면 우리 몸의 전체 시스템이 조절과 적응 작용에 가동되고 있어야 하는데, 이 모든 것을 점검하고 균형을 잡는 것이 뇌다. 이 시스템은 미래에도 대비하는 동시에 단기적으로는 계절 주기에 맞추어 대비하고 장기적으로는 일생에 걸쳐 일어나는 조건의 변화에 대비한다.

단기적 시스템 조절의 대표적인 예가 봄이 되어 낮이 길어질 때 나타나는 변화다. 우리는 봄이 되면 길어지는 햇빛에 대비하여 피부 색소를 증가시키는데, 이것은 햇빛이 강해졌을 때 피부를 보호해 준다. 겨울이 다가오면 포유류들이 몸에 지방을 축적하는 것도 일종의 단기적 변화인 셈이다.

그러나 이 책 전반에서 살펴본 문제들의 측면에서 보면 장기적 조절 작용이 훨씬 더 중요할 듯하다. 여기서 장기적이라는 것이 어느 정도의 기간을 의미하는지는 이미 살펴보았다. 어린이의 비만을 예측할 수 있는 가장 좋은 지표는 출생 당신의 저체중이라는 연구를 기억해 보자. 태아는 자궁 속에서 이 신호를 읽게 되면, 몸은 지방을 축적하기에 좋은 상태로 적응시킨다. 비만은 실제로 질병이나 기능 부전이 아니라 일종의 적응력이다. 하지만 출생 시 신생아의 저체중을 예측하기에 가장 좋은 지표는 산모의 저체중이라는 사실도 기억하자. 이는 곧 이러한 적응 과정이 세대를 거듭하며 자리잡아왔다는 것이다.

통증

이렇듯 자신의 특질을 세대를 거듭하며 전달하는 방법이 유전이다. 과학은 오랫동안 유전적 기질에 대해 수없이 연구해 왔으며, 유전자가 우리의 인생에서 중요한 역할을 하는 것은 맞다. 그러나 이렇게 유전자에 큰 의미를 부여한 것은 그즈음에 유전자에 대해서 많은 것이 밝혀졌기 때문이다. 하지만 최근 들어 전혀 새로운 분야가 등장했는데, 그것은 바로 후성 유전학이다. 후성 유전학은 유전자의 발현 조절을 연구하는 학문으로 유전자가 환경에 어떻게 영향을 받는지, 세대를 거쳐 어떻게 전달되는지를 연구한다. 이 연구로 많은 것이 밝혀질 테지만, 이미 한 가지 중요한 메커니즘을 강조한 바 있으니, 우리 책에서 다룬 두 가지 영역에서 이 메커니즘이 어떻게 작동하는지를 앞에서 살펴보았다.

수 카터가 주장한 수용체의 하향 조절을 기억하는가? 들쥐의 몸은 계속해서 옥시토신을 분비하지만, 뇌가 과도하게 분비되는 옥시토신 양에 적응해서 이 신호를 추적하는 전용 세포의 민감도를 낮춰 버린 것이다. 미국 펜실베이니아 대학의 신경 과학 교수인 스털링은 이것이 알로스테이시스의 핵심 메커니즘임을 밝혀냈다.

"혈당이 지속적으로 높으면 지속적인 인슐린 분비를 유발하여 인슐린 수용체들이 점차 높은 인슐린을 예상하여 하향 조절한다. 우리 몸의 시스템이 혈당 수치를 원래 높은 것으로 학습하는 것이다."

스털링이 주장하는 인슐린 저항의 결정적 증거다. 비만, 당뇨병, 심혈관질환 같은 현대인들이 겪는 가장 심각한 문제의 핵심이 바로 하향 조절이다. 이것은 기업농과 가공식품이 만들어 낸 장기적인 생활습관 변화에 대한 우리 몸의 집단적 대응이다.

가령 우리가 새 기록을 노리며 산에 오르거나 벤치프레스를 한 세트씩 할 때마다 작동하는 과정을 보자. 매번 근육이 찢어지는 한계에 도전하는 스트레스를 가하여 근육을 만든다. 몸은 이것을 새 조건에 맞추려면 더 많은 근육이 필요하다는 신호로 읽어 들여 근육을 늘인다. 뇌에도 같은 원리가 작동한다. 뇌를 키우는 화학 물질이 새 세포를 만들고 기존의 세포를 더 강하게 만든다. 이러한 변화에 대한 이러한 적응 능력에는 성장 메커니즘이 포함되며 이것 또한 스트레스에 뿌리를 두고 있다.

하지만 스털링의 논문은 이 가설에서 한걸음 더 나아갔다. 우리 뇌는 이 모든 임무를 단순히 자동 조종 장치를 제어함으로써 수행하는 것이 아니라 이 전 과정에서 건강 상태에 대한 느낌과 의식도 참여시킨다고 말한다. 뇌에는 몸의 나머지 시스템과 신호를 주고받으며 새로운 조건에 적응하게 하는 메커니즘인 '당근과 채찍'이 있다는 거다. 그중 통증은 채찍 역할을 수행하는데 이보다 더 흥미로운 것은 적응 과정에 작용하는 이 모든 회로가 우리 뇌의 쾌락 회로이자 보상 시스템인 도파민과 직접적으로 연결되는 것이다. 즉 도파민은 어려운 과제를 극복하고 살아남을 수 있도록 우리를 이끌어 주는 당근이고, 우리가 얻는 최고의 쾌락은 예상된 보상이 아니라 예상하지 못했던 뜻밖의 보상에서 나오게 된다.

"도파민 민감도 또한 감소한다. 도파민 수용체가 높은 수치를 예상하면서 하향 조절되기 때문이다. 이것이 괴테의 명언을 잘 설명해 준다. 화창한 날씨만 연속되는 나날보다 더 견디기 어려운 것은 없다."

우리는 화창한 날씨만 연속될 사회를 설계하면서 도파민 보상을 제거했고, 그래서 아무 생각 없이 그것을 대체할 만할 것을 찾아다닌다. 누군가는 산을 오르고 누군가는 롤러코스터를 탄다. 하지만 그 공백을 중독, 특히 마약과 알코올로 채우는 사람이 훨씬 더 많다. 마약과 알코올 둘 다 도파민 회로에 작용하고 이 회로에서는 하향 조절된 수용체들이 더 많이 더 많이를 외치고 있다.

그런 점에서 스트레스를 제거하는 것이 꼭 좋은 전략은 아닌 듯하다. 우리가 이 책에서 계속 주장해 왔듯이 진짜 문제이자 위험한 것은 우리를 지치게 만드는 만성적이고 그칠 줄 모르는 습관들이다. 밤잠은 가끔씩 걸러도 무방하다. 어쩌면 오히려 그렇게 하는 것이 좋을 수도 있다. 그러나 날마다 그러면 곤란하다. 다양하고 변화무쌍한 식단은 괜찮을 뿐 아니라 우리의 삶을 풍요롭게 만들 수도 있으며 가끔씩 초콜릿 케이크를 먹는 것도 무방하다. 그러나 날마다 들이켜는 대용량 콜라는 위험하다. 달리기 주자라면 몸을 쉬어 줄 때 근육이 붙는다는 것을 알 것이다. 가끔씩 사자와 대결하는 것은 사자를 더 능숙하게 다룰 수 있게 도와준다. 가끔씩 난제를 극복하는 생활은 미래의 스트레스를 막아 주는 예방접종이다.

우리는 서론에서 우리 인간의 가장 커다란 강점은 다양한 환경 속에서 이겨내고 번성할 수 있는 능력이라고 얘기했다. 다양성에 대한 내성이 그토록 강하다면, 밀가루, 설탕, 농업, 아이팟, 소음 등 다양성이 넘쳐나는 현대 문명이 어째서 우리를 죽인다고 주장할 수 있겠는가? 그 답은 우리 하나하나가 어떤 사람이냐로 결정된다고 할 수 있다.

신경 내분비학자 브루스 매큐언과 린 게츠는 스털링의 알로스테이시스 가설을 바탕으로 개별 환자들의 구체적이고 종합적인 정보를 적용한 개인별 투약 및 요법 처방 전략을 수립했다. 이 전략은 주류 의약업계의 의학 모델로 어느 정도 호응을 얻고 있는데 보통은 유전적 특성으로 표현된다. 한 개인의 치료 과정은 환자 개인의 DNA염기 서열 해독 결과에 따라 해당 질환과 치료법과 환자의 유전적 기질의 관계를 살펴 결정한다는 것이다.

하지만 매큐언과 게츠는 이 전략에는 후생 유전학과 생애 이력이 포함되지 않는다고 지적하면서 이 두 요소의 영향이 매우 중요하다고 강조한다. 특히 그들은 인생 경험들에 의해 형성된 각종 변화와 도전에 대한 내성에 따라 개인을 '난초과' 어린이와 '민들레과' 어린이로 분류할 수 있다고 주장한다. 민들레과 어린이는 어디에 놔둬도 잘 지내지만, 난초과 어린이는 온실 속 화초다. 새로운 도전을 어디까지 받아들일 수 있는가, 얼마나 보살펴야 안전하고 익숙하게 느끼는가에 따라 난초과 또는 민들레과로 분류한다. 이 분류 범주는 어린이는 물론 성인에게도 해당된다. 하지만 시간이 흐르면서 어느 정도 노력하느냐에 따라 난초과에서 민들레과로 이동할 수도 있다. 이것이 성장이고 스트레스를 통해 회복력을 키우는 것이야말로 야생의 복원이다.

이 이야기가 나오니 우리가 아동 발달을 공부하는 학생들을 가르칠 때 흔히 사용하는 이미지가 떠오른다. 엄마와 이제 막 걸음마를 시작한 아기 단둘이 방에 있다. 아기는 엄마한테 매달려 엄마의 강한 에너지, 흔들림 없이 떠받쳐 주는 힘, 용기를 배운다. 그 아기는 이를 발판 삼아 엄마 품에서 나와 세상을 탐험하러 나간다. 아기는 도전에 직면하면 겁먹고 놀라지만 그럴 때면 엄마에게로 다시 돌아와 위로와 격려를 받는다. 이때 엄마가 아이를 잘 보살피고 안심시킨다면 아기는 다시 아장아장 탐험을 떠날 것이며 성장할 것이다.

이는 비단 걸음마를 배우는 아기들만의 이야기가 아니다. 우리를 만들어 준 진화의 조건은 위안과 힘이 되는 바탕, 즉 어머니다. 그 힘을 그러모아 대담하게 다양성과 경이의 세계인 야생으로 탐험을 떠나자. 무언가에 부딪쳐 비틀거릴 때면 물러나 잠시 쉬면서 당신이 사랑하고 신뢰하는 사람들 속에서 성장하면 된다. 스트레스를 받고 있든 긴장이 풀린 상태로 쉬고 있든 안녕과 건강은 항상 안전하고 잘 먹고 안락한 상태가 아니다. 그보다는 두 경계 사이에서 균형을 잡으며 우아하게 전진했다 후퇴했다 오가는 법을 배우는 것, 사자에게 말하는 법을 배우는 것, 그것이 안녕과 건강의 길인 것이다.

다른 어떤 능력보다 인간의 사회적 유대와 공감 능력에 우리 뇌가 가장 많은 에너지를 소모하며, 이것은 인간을 최고의 사회적 동물로 만들어 주는 능력이다.

chapter **10**

우리가
했다면
누구나 할 수
있다!

행복의 원천은 복잡하기 짝이 없는 우리 몸에 뿌리를 두고 있기에 복잡하고 다양하다. 그렇기에 행복과 건강에 단 하나의 처방이란 있을 수 없다. 인생을 사는 유일한 방법은 잘사는 것이며, 어떻게 살아갈 것이냐는 개개인의 의지에 달려 있다.

그럼에도 불구하고 개개인을 위한 처방이라는 난제를 해결할 좋은 방법은 분명 있을 것이다. 인간은 진화를 통해 행복에 귀 기울일 줄 아는 경이로운 시스템을 익혔다. 앞으로 남은 과제는 그 시스템을 최대로 활용하는 것이다. 건강과 행복이 손에 잡히지 않는 성배라면, 온갖 경이로운 과학적 성과물을 접해 본 적도 없는 수렵 채집인들은 우리가 그토록 얻고 싶어 하는 것을 어떻게 힘을 하나도 들이지 않고 성취할 수 있었겠는가?

생명체가 복잡한 것은 사실이지만, 이제는 이 모든 것을 통합하여 저마다의 삶에서 직접 활용할 수 있는 방안을 제시해 볼까 한다. 과학이 온 갖 연구 결과들이 상충하는 불확실성의 세계라는 사실을 감안할 때, 확신에 찬 답을 내놓아야 한다는 것은 분명 진땀나는 일이다. 모든 흥미로운 과학적 문제에 확실한 답 같은 것은 없다. 하지만 한 가지 확실한 것은 우리 모두가 주어진 삶을 살아가야 한다는 것, 그리고 저마다의 삶에 길잡이가 될 결정을 내리지 않으면 안 된다는 사실이다.

음식

어떤 형태의 정제당도 먹지 않는다. 생과일에 함유된 과당은 괜찮지만, 이 또한 너무 많이 먹지 않도록 주의해야 한다. 과일 주스는 금물이다. 물에 용해된 당분에도 각별한 주의가 필요하다. 청량 음료 외에 당분이 함유된 어떤 에너지 음료와 주스도 안 된다. 도정하지 않은 곡물은 제한하거나 피한다. 도정한 곡물도 안 된다. 밀가루가 들어간 어떤 음식도 안 된다는 얘기다. 열량은 지방에서 섭취하도록 한다. 단 가공 지방, 즉 트랜스 지방은 안 된다. 가공 식품은 먹지 않는다. 패스트푸드도 안 된다. 달걀, 방목해서 사육한 소고기, 연어 같은 한류성 어류, 견과류 같은 오메가3 지방산 함량이 높은 음식을 찾아 먹는다. 신선한 과일과 채소에 환호하자. 다양성에 환호하자. 먹고 싶은 만큼 먹고, 먹는 것을 즐기도록 하자.

운동

 우선 좋아하는 운동을 찾는 것이 중요하다. 쉽게 할 수 있고 매일 할 수 있는 운동으로 말이다. 전신을 쓰고 움직임이 다양하고 변화가 많은 운동이 좋다. 그 이유는 산악 달리기와 크로스핏 운동에서 상세히 다뤘다. 가끔씩 헬스클럽에 가는 것도 좋지만 야외로 나갈 기회를 찾아보자. 자연 속에서 하는 운동은 곱절의 효과를 낸다. 태양을 느끼되 바람과 비도 얼굴에 맞아 보자. 고생해 가며 눈길도 걸어 보자. 추위도 느껴보고 더위도 느껴보자. 목마름을 느껴 보자. 채비를 하고 나가자. 특히 다른 사람들하고 함께하는 운동을 찾아보자. 부족과 함께 움직이는 것이 좋다. 춤이나 기공이나 태극권처럼 유구한 역사를 지닌 운동도 좋다. 심장 모니터를 구비하여 자신의 심장 상태를 봐 가면서 운동하기를 권한다. 천천히, 조심스럽게 시작하되 쉬는 날과 쉬는 주까지도 계획에 넣는다. 그리고 재미없다고 금세 그만두고 다른 운동으로 갈아타는 일은 없게 하자. 재미를 느낄 때까지 계속 해 보는 거다. 다음 달리기 시간, 다음 댄스 시간이 자기도 모르게 기다려지는 그때까지는 말이다.

종합 처방

 이제 최후의 질문만 남았다. 그래서 무엇을 할 것인가?
 지금쯤 이 질문에 완벽하게 답할 수 있는 사람은 자기 자신뿐이라고 생각하고 있을지도 모르겠다. 하지만 우리의 경험과 성과가 여러분이 더 나은 삶을 살아가는 데 적절한 조언이 될 수 있으리라고 믿는다.

첫째, 자신에게 맞는 '지렛대'를 찾아야 한다. 베벌리 테이텀의 경험을 들려주면서 언급했던 '지렛대' 개념을 기억하는가? 그는 수면 부족 문제를 해결하려는 순간 곧바로 영양과 운동을 떠올리게 되었고, 매일 밤 10시에 컴퓨터를 끄는 간단한 조치만으로도 건강이 좋아졌다. 메리―베스 스터츠만에게는 음식, 구체적으로는 탄수화물이 지렛대였다. 하나가 또 다른 것으로 이어지는 효과. 지렛대는 하나의 변화가 다른 변화를 불러 일으키는 인생의 핵심적 변화를 가리킨다. 말하자면 첫 단추 같은 것이다. 음식, 운동, 수면, 마음 챙김, 부족, 생명애 이 모든 것이 전체를 이루는 조각들이다.

우리로서는 여러분의 지렛대가 무엇일지 알 수 없지만, 우리의 경험상 먼저 음식이나 움직임을 살펴보는 것으로 시작해 보라고 권하고 싶다. 둘 다 동시에 살피는 것도 좋다. 이 책에서 우리는 많은 문제를 다뤘지만, 지금까지 가장 많이 연구되고 가장 많은 사실이 알려진 영역은 음식과 영양이다. 오늘날의 음식과 영양은 우리 종이 형성된 시기의 음식과 영양과는 엄청나게 달라졌다. 인류 생존의 기본이랄 수 있는 이 요소들부터 바로잡지 않고서 어찌 개선을 꿈꿀 수 있겠는가.

더 좋은 소식은 이를 바로잡는 것이 무척이나 쉽고 단순하다는 것이다. 여기 여러분이 준수하면 좋은 간단한 원칙이 있다.

여러분과 마찬가지로 내 생활 역시 과도한 스케줄로 인해 시간이 태부족한 나날의 연속이다. 캠브리지에서 정신과 진료를 하면서 학생들을 가르치고, 세계를 돌면서 강연을 하고, 책과 논문을 쓰고…….

그걸로도 부족해서 LA에서 방송국 프로듀서로 일하는 아내를 보기 위해 미대륙 양끝을 오가면서 생활했다. 늘 수면 부족에 시달리고, 이동 중에 핫도그와 탄산 음료로 끼니를 해결하고, 장시간 컴퓨터 앞에 앉아 이메일을 쓰고, 뉴스를 훑으며 최신 과학 보고서를 검토했다. 물론 프로 미식축구팀의 성적을 챙기는 것도 잊지 않았다. 보스턴과 LA라는 도시 정글 속에 살다 보니 '자연'은 더욱더 만나기 어려웠다. 최근에 귀중한 첫 손자를 얻음으로써 우리 '부족'은 늘어났지만, 함께 시간을 보내기란, 참 어렵다.

그러나 변화는 가능하다. 나 같은 사람이 이 정신없는 생활 속에서도 이 책에서 다룬 개념들을 결합시켜 신체적, 정서적 건강까지 크게 향상시킬 수 있었으니 이 책을 읽은 여러분도 그럴 수 있을 것이다. 물론 내 인생이 처음부터 그렇게 복잡하거나 불건강하거나 분주했던 것은 아니다. 내 어린 시절은 그야말로 '야생적인' 삶이었다.

나는 피츠버그에서 멀지 않은 작은 시골 도시 비버에서 나고 자랐다. 그야말로 옛날 분위기를 풍기는 고색창연한 동네였다. 비버는 이웃들끼리 다 알고 지내면서 서로를 보살피는 '부족部族'이 중요한 동네였다. 우리가 먹는 음식은 자연을 식재료로 한 가정식이었다. 어머니가 가꾸는 텃밭에서 갓 딴 토마토와 양파, 잎상추와 홍당무가 식탁에 오르는 여름 밥상은 꿀맛 같았다. 잠자는 시간은 정해져 있었고, 날이 저물면 텔레비전조차 틀지 않았다. 비디오게임을 하거나 문자를 주고받는 대신에 친구들과 떼 지어 몰려다니면서 신나게 뛰어놀았다. 우리 동네 아이들은 걸음마를 뗀 순간부터 동네 공터에서 놀거나 이웃집 잔디밭에서 미식축구를 했다. 자연은 늘 우리 곁에 있었다. 인근 숲을 누비며 카우보이나 인디언 놀이를 하고 뒷마당에는 낙엽 요새를 근사하게 구축해 놓았다. 때로는 잉어나 매기가 걸려들기를 기다리며 오하이오 강둑에 낚싯대를 드리우고 멍하니 앉아 있곤 했다.

그런 환경 속에서 성장하면서 수면, 식단, 운동, 자연, 명상, 관계의 중요성에 대한 이해도 성장했다. 나는 이들 영역을 파고들면서 학문적으로나 직업적으로나 뛰어난 지성들로부터 배우는 행운을 누렸다. 하지만 학과 공부와 탐구가 내 생활 속에 굳건히 자리를 잡아가는 동안 유년기의 야생적 삶이나 내가 타고난 유전적 뿌리로부터는 점점 더 멀어져갔다.

고향을 떠나 의대에 진학하면서 가장 먼저 잃어버린 것은 잠이었다. 학부 시절부터 레지던트 생활을 할 때, 밤낮없이 공부에만 매달리는 삶을 살았다. 할 수만 있었다면 아마 일 년 365일을 꼬박 깨어 있었을 것이다. 당시 정신 의학의 메카였던 매사추세츠 정신건강센터에서 나는 수면 연구의 세계적 권위자인 앨런 홉슨 박사를 만났다. 수면 부족의 표본이었던 내게 홉슨 박사가 길잡이이자 스승이 되어 줬다는 것은 아이러니가 아닐 수 없다. 우리는 수면 연구의 시발점이 된 동물 행동 관찰을 통해 잠이란 무엇인가를 규명해 내기 위해 실험실에서 밤낮을 함께 보냈다. 이것이 신경 과학의 출발점이었다. 잠 자체가 엄청나게 흥미로운 주제였던 데다 이 연구로 인간이 잠을 자야 하는 이유를 밝혀낼 수 있을 것 같았다. 그러나 그 답은 여전히 미궁 속이다. 우리가 알아낸 것은, 그저 우리에게는 잠이 필요하다는 사실뿐이었다.

하루에 여덟 시간이 충분한 수면 시간이라는 것은 잘 알고 있었지만 나는 평생 동안 그렇게 오래 자 본 적이 없었다. 나는 조금 자고도 잘살 수 있다는 사실을 사람들 앞에서 뽐내기까지 했던 건강 전사였다. 그러나 지금은 그것이 얼마나 어리석은 행동이었는지 새삼 실감하고 있다.

우리 학과의 정신적 지도자이자 수장은 엘빈 셈라드였다. 셈라드에게는 환자와 환자의 몸을 어떻게 연결지어 바라볼 것인가, 환자들에게 얼마나 공감할 수 있는가가 매우 중요한 문제였다. 그는 기존의 의학 개념이나 지식을 싹 비우는 대신 지금 이 순간의 자신을 관찰하라고 가르쳤다. 신체적 차원에서나 의식적 차원에서나 환자들이 어떻게 느끼는지를 깊이 공감할 수 있어야 한다는 것이 그의 생각이었다. 이것은 증상을 체크하는 것을 넘어서 환자들에게 마음 챙김의 상태로 임할 때 가능한 일이었고, 그는 환자들에게도 스스로 느끼는 고통에 마음 챙김의 의식으로 임하게 했다.

관계는 나의 개인적 삶에서도 가장 중요한 기반이다. 혼자서는 연구도 생활도 잘 못하는 나는 가족과 친구, 동료들에게서 끊임없이 힘을 얻는다. 나의 가까운 친구이자 동료인 네드 할로웰은 관계의 중요성을 강조하는 데서 그치지 않고 친구들과 정기적으로 뭉치는 시간을 정하고 회동 의례까지 만들었다. 의례로 정해 철통같이 지키지 않으면 유야무야 사라지는 게 만남 아니던가. 나는 흥미로운 주제가 있으면 사람을 모아 그룹을 만들거나 그룹에 가입했고 그것이 직업적 활동으로도 이어졌다. 베셀판 데르 콜크가 트라우마와 주의력, 신경과학를 주제로 하는 그룹을 만들었는데, 우리는 매달 둘째 월요일 만남을 이십 년 동안 지속해 오면서 수시로 강연자를 초빙해 다양한 주제의 이야기를 들어왔다.

나는 우리 몸의 움직임이 뇌와 정신에 미치는 효과에도 깊은 관심을 갖게 됐다. 나는 운동이 내 DNA에 깊이 각인돼 있음을 생생하게 느낀다. 의대 시절부터 나는 운동에 정서적 건강을 조절하는 위력이 있다는 것을 직접 경험했다. 학부생 시절에 노르웨이의 한 병원에 관한 논문을 읽었는데, 그 병원은 우울증 입원 환자들에게 당시 첫선을 보였던 기적의 신약(노르에피네프린에 작용하는 항우울제)을 처방하거나 하루 3회 운동프로그램을 처방했다. 두 그룹 모두 동일한 결과를 나타냈다는 것이 그 논문의 결론이었는데 레지던트 시절 내내 이 논문에 대한 생각이 뇌리를 떠나지 않았다.

70년대에는 엔도르핀이 발견되면서 모두들 엔도르핀 러시와 우울증 방지 효과에 열광했다. 그런 중에 장기적 운동이나 명상과 같은 효과를 내는 약(교감 신경의 작용을 억제하고 부교감 신경이 지배하게 하는 베타 차단제)이 공격성, 폭력성, 자폐증의 파괴적 행동, 자기 학대, 불안, 대인 관계 불안, 스트레스 관련 장애에 도움이 되며 ADHD에도 확실한 효과를 낸다는 사실이 알려졌다. 나는 운동이 나 자신은 물론 다른 사람들의 주의력 신경계에도 놀라운 효과를 발휘한다는 사실을 발견하고, ADHD연구 및 뇌 연구와 저술에 매달렸는데, 그 결과물이 『운동화 신은 뇌(북섬)』이었다. 이 책을 쓰기 위해 천여 건의 논문을 훑는 동안 나는 빡빡한 스케줄 속에서도 일일 운동량을 두 배로 늘렸다. 다른 운동을 위한 기초 훈련으로 달리기를 했고 헬스클럽을 자주 이용했으며 하이킹도 즐겼다. 휴가 시간 대부분을 산이나 물가에서 보내기도 했다.

나는 하버드와 MIT의 최고 지성들로부터 훈련을 받았지만, 『운동화 신은 뇌(북섬)』에서 다룬 개념들과의 연관성에 생각이 미친 것은 미시간 북서부의 한 체육관에서 우연히 만난 케이시 스터츠만 덕분이었다. 그와의 만남은 전혀 예상치도 못했던 여정으로 나를 이끌었다.

자신이 종사하는 분야를 부지런히 공부하면서 지역 사회에 최신 경향을 소개하는 데 앞장서는 스터츠만은 타바타 운동과 TRX운동을 LA나 보스턴의 최신 헬스클럽들보다 먼저 도입했다. 스터츠만이 지도하는 운동 시간에는 재미의 요소와 도전의 요소가 골고루 섞여 있어 그와의 첫 만남 이후로 우리는 매년 열정적인 회원들과 함께 운동하는 그 일주일을 학수고대하며 지낸다. 고난도 코스로 이뤄진 시간이 끝난 뒤, 내가 이 책을 쓰기로 했다고 이야기하자 그는 대뜸 자신의 아내인 메리-베스의 인생이 새로운 식단으로 인해 완전히 뒤바뀌었다고 했다. 그는 그 전까지 아내의 상태가 얼마나 안 좋았는지, 그 식단이 어떻게 아내의 목숨을 살렸는지를 신나서 이야기해 줬다. 스터츠만 자신도 식단을 바꿨더니 훨씬 더 힘이 생기고 중심이 확고해졌으며 인생을 더 즐기게 됐다고 했다. 그 이야기에 감명을 받아 나도 식단을 바꾸었고 야외로 나가는 시간도 늘리게 되었다.

많은 동료들이 하는 것처럼 나도 몇 해 전부터 탄수화물과 트랜스 지방 섭취량을 줄이기 시작했는데, 스터츠만의 섭생법에는 특히 더 열정적으로 임했다. 식단에서 곡식을 빼는 것이 최우선이었다. 이는 피자와 크래커, 쌀과 파스타를 일절 먹지 않는다는 뜻이었다. 마침내는 그토록 탐닉하던 빵까지 끊었다. 매 끼니 채소와 과일의 양을 늘렸고, 견과류가 먹기 쉽고 맛있고 배도 부른 간식거리라는 것을 알게 됐다. 또 커피에 타서 먹던 크림이 장에 과민 반응을 일으킨다는 것을 알고 이 또한 끊었는데, 지금은 블랙커피를 즐기는 경지에 이르렀다.

식단을 바꾼 지 약 여섯 주 만에 4.5킬로그램이 빠져 고등학교 시절 몸무게로 돌아갈 수 있었다. 나는 과체중인 적은 없었지만 내 연령대 사람들 대다수가 그렇듯이 허리 쪽에 살이 붙기 시작하던 터였다.

내 나름의 '야생 복원' 프로젝트가 진행되던 무렵, 뛰어난 연구자들과 간병인들이 의기투합한 대규모 프로젝트에 동참하게 됐는데, 그것은 뉴욕에 위치한 센터 포 디스커버리의 십 대 자폐증 환자 360명의 '스마트 리빙' 효과를 조사하는 사업이었다. 캐츠킬 산맥 한가운데 자리잡은 12만 평 규모의 농장에서 이뤄진 이 놀라운 프로그램은 불안정한 자폐증 청소년들의 삶을 뒤바꿔 놓았다.

대다수 학생들은 다른 프로그램에도 참여해 보았고 상당량의 약물 치료도 받고 있던 상태였다. 그중에는 바람직한 행동을 했을 때 초콜릿으로 보상하는 프로그램도 있었다. 때문에 이곳에 들어올 때는 각기 다른 이유로 과체중이었던 그들에게, 농장에서 직접 재배한 식재료에 설탕 음료, 트랜스 지방, 간식을 완전히 배제한 이곳의 식단은 급격한 변화였다. 그들은 되도록 많은 시간을 야외에서 보냈고 하루 일과의 65퍼센트가 몸을 움직이는 시간으로 구성됐다. 수면 시간도 면밀히 체크하고 컴퓨터나 인터넷은 가능한 한 제한했다. 이 요법은 마법처럼 통해 일부 학생은 상당히 빠르게, 나머지는 서서히 변화해 나가기 시작했다. 파괴적 행동이 감소하고 체중이 감소했으며 과제 수행 시간은 크게 증가했고 사회적 행동은 개선됐다.

데보라 세케이의 휴양 스파에서 야생 복원의 기회를 누린 것은 크나큰 행운이었다. 데보라가 남편과 함께 칠십 년 전에 설립한 란초라푸에르타는 전 세계에서 모여든 사람들에게 야생을 되돌려주는 지상 낙원과 같은 곳이다. 운동과 식이요법을 핵심 프로그램으로 운용하는 이곳은 아름다운 산과 꽃이 어우러지고 사시사철 토끼와 고양이가 뛰노는 절정기의 생태 환경이다. 이곳에 묵는 200여 명의 손님들 대다수는 긴 밤잠을 즐기는데, 그 이유는 해 진 뒤 할 수 있는 일이 별로 없기 때문이다. 전화도 없고 텔레비전도 없고 인터넷도 없다. 스트레스는 떨어지고 무던히 진정 또 진정하는 가운데 옥시토신이 흘러넘치는 것이 눈에 보일 정도다. 오전에는 약 6.5킬로미터의 쿠차마 산 등반이 있고 오후에는 시간 단위로 유산소 운동, 아프리카 춤, 줌바댄스 에어로빅, 요가, 필라테스, 태극권 등의 프로그램이 이어진다. 이곳에 온 회원들은 새로운 부족으로 맺어지며 때로 이 인연은 바깥 세계로까지 이어지곤 한다.

내 삶에 찾아온 변화가 있다면 그것은 야생적인 삶을 유지하지 않을 때 내 몸과 마음에 어떤 일이 일어나는지를 일상적으로 의식하게 됐다는 것이다. 출장을 가든 도시 한복판에 있든 나는 야생을 복원할 방안을 강구한다. 하루 일과를 시작하기 전에 언제나 달리기나 산책을 하려고 노력한다. 보스턴에서는 진료를 마치고 나면 찰스 강변을 달린다. LA에서는 아내와 함께 프랭클린 협곡의 숲 속에서 하이킹을 한다. 가끔은 악명 높은 '산타모니카 계단길'에 올라 등산꾼들이 층계를 오르내리는 동안 저 아래 태양을 굽어보기도 한다. 또 잠자는 시간도 훨씬 더 신경 써서, 일찌감치 디지털 기기들을 차단하고 충분한 수면 시간을 확보하려고 노력한다. 나는 끊임없이 새로운 도전을 받아들이며 새로운 재미, 새로운 프로젝트, 새로운 아이디어를 향해 나아간다. 이 모든 것이 숲속을 거니는 것만큼이나 내 의식을 깨어 있게 만들고 나를 지금 이 순간에 존재하도록 만든다.

2011년 7월 25일. 복용 약 없음. 체중 95kg.

무릎 염좌가 나아 이제 달리기를 시작해도 된다. 술도 끊었다. 심장 모니터 착용. 내가 선택한 것은 42.195킬로미터, 완주 코스 마라톤이다. 앞으로 다섯 달 남았다. 워싱턴 벨링엄에서 섣달 그믐날에 열리는 마라톤 대회다. 이 정도는 누구나 계획할 수 있다. 많은 사람들이 이렇게 해왔고, 많은 연구가가 나 같이 늙고 살찌고 맛이 간 남자에게 처방하는 바는 다음과 같다. 유산소 상태를 유지한다. 편안하게 달릴 수 있는 기본 거리를 설정하고 일주일에 10퍼센트 이하씩 늘린다. 일주일에 1회 천천히 장거리 달리기. 매주 이틀은 달리기를 하지 않고 쉰다. 삼 주에 한 번씩 일주일을 통째로 쉰다. 이런 일정을 관리해 주는 앱도 출시됐는데 효과가 꽤 좋다. 나는 마라톤을 완주했다. 느렸지만 완주를 했다. 당시 나는 84킬로그램이었다. 다섯 달 전에 훈련을 시작하기 전보다 11킬로그램이나 가벼워진 몸무게였다.

하지만 그 다음은? 뛸 대회는 얼마든지 있다. 나는 48킬로미터 산악 달리기, 2012년 4월에 열리는 울트라마라톤에 참가 신청을 냈다. 완주는 했지만 엉망이었다. 최소 두 번인가 사점에 다다랐다. 사점은 피로와 방향감각 상실, 혼란이 몰려오는 끔찍한 상태로, 장거리 달리기를 하다가 혈당이 뇌에 공급되지 못한 때 일어나는 현상이다. 문제는 내가 표준 영양 권고안을 준수하고 있었다는 사실이다. 이 권고안은 장거리 달리기를 하는 동안에 에너지젤과 고함량의 탄수화물을 섭취하게 하고 있다. 이것이 장거리 달리기의 공통된 권고조항이지만, 고탄수화물 식단의 위험성을 잘 알고 있었던 나로서는 아무 생각 없이 따를 수 없는 노릇이었다. 하지만 운동선수는 예외일 거라고 생각하고 권고안대로 했다. 나의 첫 울트라마라톤 경험은 나를 계획 이전 상태로 돌려놓았다. 하지만 그 결과 덕분에 나는 완전히 새 길로 들어서게 됐다.

진화 과정에서 인간이 신발 없이 달렸다는 사실을 감안하면 우리는 지금도 신발을 신고 다닐 필요가 없으며, 패드를 두툼하게 넣은 신발을 신고 달리는 것은 오히려 부상을 가져올 수 있다. 나는 이 조언을 따라 처음부터 미니멀리스트 신발로 훈련을 했고 예상대로 성공을 거두었다. 울트라마라톤으로 수준을 업그레이드했는데도 부상 없이 완주할 수 있었다. 나는 지금까지도 미니멀리스트 달리기를 해 오고 있다. 발에 그 어떤 구속 없이 달리는 것이 훨씬 더 재미있다는 것을 배웠기 때문이다.

그렇다면 에너지젤은 어떨까? 수렵 채집인들이 발 잡아먹는 가죽을 신지 않았던 것처럼, 그들은 삼십 분에 한 번씩 옥수수 시럽을 보충해 넣지도 않았다. 이 문제를 연구한 사람들이 있었다. 피터 데프티라는 남자와 연구원인 스티브 피니와 존 볼렉은 초저탄수화물을 강조하는 '케톤 생성ketogenic' 영양학파를 만들었다. 지방에서 분해되어 우리 몸의 연료가 되는 물질인 케톤의 이름을 딴 것이다. 매일 탄수화물 섭취량을 50그램 가량 줄일 경우, 이것은 저녁 때 먹는 사과 한 개와 순무의 총량에 해당한다. 지방은 우리 몸의 연료인데, 우리 몸은 보름이면 적응한다. 뇌는 필요한 포도당을 남은 분자 물질로부터 만들어 내고, 신진대사는 지방에 의존해 이뤄진다. 농경 이전의 우리 조상들은 아마도 이런 식으로 영양분을 섭취해 왔을 것으로 짐작된다. 구석기 식이요법이나 존 레이티가

추천하는 식이요법 같은 저탄수화물 식이요법도 이와 유사한 원리인데, 전자에는 유제품이 포함된다는 차이가 있다. 유제품과 유당은 개인차를 고려해야 하는 중요한데 내 경우에는 유당에 문제가 없어 요거트와 치즈를 즐겨 먹는다.

이 단계에서 내 목표는 설탕물을 빨지 않고 장거리 달리기를 완주하는 것이었다. 다행히 효과가 있었다. 이제 나는 어떤 형태의 음식도 보충하지 않고 일곱 시간까지 달릴 수 있다. 음식은 생각도 나지 않는다. 그 뒤로 나는 네 시간 이상의 장거리 달리기를 수차례 완주했지만, 단 한 번도 사점에 도달하지 않았다.

식습관을 바꾸자 즉각적으로 몸무게가 줄어들기 시작했다. 원래 살을 뺄 생각은 아니었고, 달리기 코스도 바꿀 계획이 없었다. 그때나 지금이나 일주일에 60킬로미터 이상을 달리고 있다. 하지만 케톤 생성 식이요법을 시작한 첫날부터 일주일에 0.5킬로그램에서 1킬로그램씩 빠지기 시작하더니 일탈 없는 곡선을 그리며 쭉쭉 내려와 72.5킬로그램에 이르렀고 거기에서 일 년에 0.5킬로그램에서 1킬로그램 내외로 변화하는 것을 제외하면 일정선을 유지하고 있다. 나는 총 칼로리 섭취량이며 달린 거리며 음식량 따위에는 전혀 신경을 쓰지 않는다. 그저 당분 섭취를 멀리하고, 곡물과 가공식품을 안 먹을 뿐이다. 견과류와 치즈, 베이컨, 달걀, 소시지, 사워크림, 채소는 많이 먹는다. 과일은 고혈당 과일인 바나나를 제외하고 사과, 배, 장과류로 먹는다. 간단하고 신선하지 않은가? 사슴고기도 많이 먹는다. 연어는 최소한 일주일에 한 번, 소고기는 방목 사육한 것으로 먹는다. 다이어트는 하지 않는다. 저대로 먹으면 포만감도 느끼면서 마음도 행복하다. 다시 한 번 말하지만 나는 칼로리 계산을 하지 않는다. 그렇지만 단 한 번도 허기를 느껴본 적이 없다.

새로운 식습관은 뇌에도 생각지 못한 효과를 가져왔다. 음식의 취사선택이 더 나은 인생에 기여한 바를 총량으로 따질 길은 없다. 하지만 내가 운동으로 이미 커다란 변화를 경험했고, 달리기 하나만으로도 충분한 효과를 기대할 만한 지점에 도달했다는 사실을 기억해야 한다. 정말로 그랬다. 하지만 어떤 조치 하나로 즉각적인 효험을 보려는 것이 문제라는 사실 또한 기억하자. 중요한 것은 삶 전체를 위한 토대를 튼튼히 쌓는 것이다.

하지만 뭔가로 인해 효과를 본 것만은 분명하다. 내 머리는 좋아지고 있고 우울증은 사라졌다. 하나의 조치나 요법, 치료제로 이 변화를 설명할 수는 없다. 이 변화된 지금의 상태가 내 삶이 된 것이다.

지금까지 나는 내 삶에서 일어난 일들을 겉핥기식으로 나열했을 뿐이다. 여기에서 언급하지 않는 것들 가운데 원동력이 되었던 다른 요인들이 있을지도 모르겠다. 안정된 결혼 생활이라든가 내가 사는 곳이 야생의 땅 몬태나라는 사실이라든가, 업무 스케줄을 내 마음대로 조정할 수 있다든가, 달리기를 할 때면 옆에서 함께 달리는 개가 있다든가, 친구들과 함께 음악을 연주한다든가 하는 것 말이다. 어쩌면 이 모두가 더 중요할지도 모르겠다. 이것이 우리가 타인에게 함부로 처방하지 못하는 이유이며, 그래서 이들 사안을 역학조사처럼 치밀하게 접근하지 못하는 것이다. 우리는 저마다 다른 인생을 살아가며 시대에 따라서 삶의 질이 달라지기도 하니까 말이다.

우리 두 사람이 말한 것들을 직접 시도하다 보면 반드시 자신에게 맞는 지렛대를 찾게 될 것이다. 그런 다음에는 다음 단계로 이어지는 과정을 자연스럽게 따라가면 된다. 이것은 가능성, 잠재력을 모색하는 길이라는 것을 기억하자. 그 과정은 반복이다. 한 단계 가고 평가하고, 또 한 단계 가고 평가하고. 이 전 과정은 숙제나 의무가 아니라 탐험이요 발견의 과정이다. 그 과정에서 받는 보상이 여러분의 안내자가 될 것이다. 잘 사는 일은 우리 두 사람이 여러분을 대신해서 해 줄 수 있는 것이 아니다. 이 책에서 소개한 깨달음들도 우리가 야생 속에서 직접 경험하고 얻은 것이다. 기나긴 역사 속에서 인류는 산속을 걸으면서 경험을 통해 생명과 삶을 배워 왔다. 길을 찾는 과정은 곧 배우는 과정이다. 이것이 야생이 우리에게 가르쳐 준 것이다. 온전히 깨닫고자 한다면 숲으로 들어가라. 길을 잃고 헤매며 스스로 길을 찾아보라. 자신에게 맞는 길을 말이다.

우리가 할 수 있는 일은 여러분을 출발점까지 데려가는 것이다. 그곳에 산으로 올라가는 수많은 길이 있음을 알려주고, 출발점이 어디인지 보여주고자 하는 것이다. 그다음부터는 스스로의 힘으로 해내는 것이다.

참고 문헌

『Good Calories, Bad Calories』 by Gary Taubes(September 23, 2008)

『Mothers and Others: The Evolutionary Origins of Mutual Understanding』 by Sarah Blaffer Hrdy(April 15, 2011)

『Paleopathology at the Origins of Agriculture (Bioarchaeological Interpretations of the Human Past: Local, Regional, and Global』 by Mark N. Cohen, George J. Armelagos(April 30, 2013)

『Spark: The Revolutionary New Science of Exercise and the Brain』 by John J. Ratey, Eric Hagerman(January 1, 2013)

『The Art of Loving』 by Erich Fromm(1956)

『The Emotional Life of Your Brain: How Its Unique Patterns Affect the Way You Think, Feel, and Live--and How You Can Change Them』 by Richard J. Davidson, Sharon Begley (December 24, 2012)

『The Happiness Diet: A Nutritional Prescription for a Sharp Brain, Balanced Mood, and Lean, Energized Body』 by Tyler G. Graham, Drew Ramsey(December 11, 2012)

『The Mind's Own Physician: A Scientific Dialogue with the Dalai Lama on the Healing Power of Meditation』 by Jon Kabat-Zinn, Richard J. Davidson(September 1, 2013)

『The Moral Molecule: How Trust Works』 by Paul J. Zak(November 26, 2013)

『The Old Way: A Story of the First People』 by Elizabeth Marshall ThomasPicador(October 30, 2007)

『The Paleolithic Prescription: A Program of Diet and Exercise and a Design for Living』 by S. Boyd, M.D. Eaton, Marjorie Shostak(July 1988)

『The Selfish Gene: 30th Anniversary Edition--with a new Introduction by the Author』 by Richard Dawkins (1978)

『Your Brain on Nature: The Science of Nature's Influence on Your Health, Happiness and Vitality』 by Eva M. Selhub, Alan C. Logan(June 25, 2013)

용어 정리

!쿵족

칼라하리 사막 일대에 살며 수렵 채집 생활을 하는 원시 부족으로 앞니 뒤에 혀를 대어 강하게 발음하는 흡착어를 사용한다. 부족명 앞의 느낌표는 이 발음법을 의미한다.

겸상 적혈구 빈혈

헤모글로빈·유전자의 변이로 적혈구가 낫 모양으로 변하여 악성 빈혈을 유발하는 유전병

고르디우스의 매듭

복잡한 문제를 대담한 발상으로 해결하는 것을 가리키는 은유법. 알렉산드로스 왕이 이 매듭을 단칼에 잘라 아시아의 왕이 될 수 있었다는 전설이 있다.

공식 명상

명상 수행을 일상의 중요한 활동으로 간주하여 매일 일정한 시간을 정해 두고 규칙적으로 수행하는 명상

글리코겐glycogen

동물의 간장이나 근육 따위에 들어 있는 동물성 다당류. 맛이 없고 냄새가 없는 백색 가루로, 에너지 대사에 중요한 물질이다.

단속평형설

오랜 세월 점진적인 변화에 의해 종이 진화한다고 보는 계통발생설과 달리 지리적으로 고립된 특수한 환경 조건에서 급격하고 폭발적으로 종의 분화가 일어난다고 보는 진화 가설

만성폐쇄성폐질환

폐기종, 만성기관지염 등 기관지나 폐에 염증이 생기고 이로 인해 폐 조직이 파괴되어 발생하는 질환

미니멀리스트 달리기
Minimalist Running

원시 부족의 달리기를 모방하여 맨발에 근접한 경험을 추구하는 달리기

생산적 운동

열매, 버섯, 약초 같은 식물 채집이나 사냥, 낚시 등 야생에서 이뤄지는 수렵 활동

선택압 selection pressure

개체군 중에서 환경에 가장 적합한 일원이 부모로서 선택될 확률과 보통의 일원이 부모로서 선택될 확률의 비율. 역경에 처한 생물군의 진화에 가장 큰 영향력을 발휘하고 먹이나 둥지를 짓는 지역, 수분과 일광 등의 환경 요인도 이에 관계한다.

성 선택

생존에 분리해 보이는 형질이 선택되어 진화하는 것은 그 형질의 번식 성공율을 높여 주기 때문이라고 설명하는 다원의 개념

슈거 크래시

당류 섭취 후에 나타나는 극도의 무기력한 피로 현상

스타틴계 약제

혈중 콜레스테롤 수치를 낮추기 위한 대표적인 지질개선제

앳킨스 다이어트

미국의 의사 로버트 앳킨스가 제안한 식이요법으로 일명 고기 다이어트, 황제 다이어트라고도 불린다. 저탄수화물, 고단백, 고지방 식단으로 구성된다.

에그비터

달걀노른자를 뺀 흰자에 비타민류와 각종 조미료를 첨가한 달걀 대용 건강식품

엔슈어

환자용 영양식으로 개발된 액상 영양보충제. 칼로리와 단백질, 필수 비타민, 무기질을 공급한다.

옥수수 시럽

시중에서 흔히 액상과당으로 불리는 당분으로, 100% 과당이 아니라 과당, 포도당, 맥아당으로 구성된 혼합 감미료

옥시토신

자궁 수축 호르몬. 아기를 낳을 때 자궁 근육을 수축시켜 진통을 유발하고 분만이 쉽게 이루어지게 하며 젖의 분비를 촉진시킨다.

위상 결속

신경 세포인 뉴런이 자극음의 동일한 지점 혹은 동일한 위상에서만 결속한 듯이 흥분하는 현상

인슐린 쇼크

저혈당 증세를 나타내는 현상

인슐린 저항

탄수화물 대사를 조절하는 호르몬인 인슐린의 기능이 떨어져 혈당을 낮추지 못하는 대사 상태

장누수증후군

자극적인 음식이나 항생제 따위로 장 점막에 손상이 생겨 통과시키면 안 될 큰 물질들이 혈관으로 들어가는 현상

존 다이어트

탄수화물과 단백질의 비율 균형을 통해서 칼로리를 소모해야 한다고 주장하는 식이요법

주의 깜박임

눈앞에 시각 대상이 연속해서 제시될 때 앞의 것에 주의를 집중하느라 뒤의 것을 보지 못하고 지나치는 현상. 주의 과실 또는 주의 무시라고도 불린다.

코르티솔

부신 겉질에서 분비되는 호르몬으로 항염증 작용이 있어 각종 염증성·알레르기 질환 따위에 이용한다.

텔로미어

세포 시계 역할을 하는 염색체 말단의 서열 구조

트렌트 이성질체 지방산
trans-isomer fatty acid

불포화 지방산 가운데 식품 가공 과정에서 생성되는 이성질체

파충류 뇌

뇌 가운데 계통발생학적으로 가장 오래된 부위이다. 주로 뇌간과 간뇌로 이뤄져 있으며, 기능적으로도 파충류처럼 본능적인 행동을 일으키는 가장 낮은 차원의 사고를 관장한다.

평준화 효과

소화기에서 분비하는 효소에 의해서 강산 또는 강알칼리 성분이 중화되는 현상

하기도 감염
Lower Respiratory Infections

폐렴이나 모세기관지염 등 기도 아랫부분의 폐와 직접 닿아 있는 부위의 염증

항상성 homeostasis

생체가 처한 환경의 변화에 대응하여 생명 현상이 제대로 일어날 수 있도록 변수를 조절함으로써 내부 환경을 일정한 상태로 유지하는 성질 또는 그러한 현상

허혈성심질환
Ischemic Heart Disease

협심증, 심근경색증 등 관상동맥이 좁아져 심장에 들어가는 혈액이 부족하여 생기는 심장질환

HIV,
human immunodeficiency virus

인간 면역 결핍 바이러스. 흔히 후천성 면역 결핍 증후군(AIDS)을 일으키는 바이러스를 일컫는다.